广东三向教学仪器制造有限公司组织编写

职业院校机电类专业一体化教学系列学材

驱动技能

工作岛学习工作页

莫文统　主　编

陈学军　张小珍　副主编

黄　艳　王建华　朱振豪　参　编

中国轻工业出版社

图书在版编目（CIP）数据

驱动技能　工作岛学习工作页/莫文统主编；广东三向教学仪器制造有限公司组织编写．—北京：中国轻工业出版社，2013.9
职业院校机电类专业一体化教学系列学材
ISBN 978-7-5019-9335-2

Ⅰ.①驱…　Ⅱ.①莫…②广…　Ⅲ.①驱动模块—中等专业学校—教材　Ⅳ.①TB4

中国版本图书馆CIP数据核字（2013）第144218号

责任编辑：王　淳　　责任终审：孟寿萱　　封面设计：锋尚设计
版式设计：宋振全　　责任校对：吴大鹏　　责任监印：张　可

出版发行：中国轻工业出版社（北京东长安街6号，邮编：100740）
印　　刷：北京君升印刷有限公司
经　　销：各地新华书店
版　　次：2013年9月第1版第1次印刷
开　　本：889×1194　1/16　印张：12
字　　数：290千字
书　　号：ISBN 978-7-5019-9335-2　定价：25.00元
邮购电话：010-65241695　传真：65128352
发行电话：010-85119835　85119793　传真：85113293
网　　址：http://www.chlip.com.cn
Email：club@chlip.com.cn
如发现图书残缺请直接与我社邮购联系调换
130295J3X101ZBW

序 言

为进一步加快培养我国经济建设急切需要的高技能人才，2009年国家人力资源和社会保障部根据当代国际先进的职业教育理念，结合国内技工教育的实际现状，下发［2009］86号文《技工院校一体化课程教学改革试点工作方案》，布置在全国技工院校开展工学结合一体化教学（以下简称一体化）阶段性试教工作。通过试教、总结、完善和提高，自2011年9月开始在全国各技工院校逐步推广和应用。

所谓一体化教学的指导思想是指：以国家职业标准为依据，以综合职业能力培养为目标，以典型工作任务为载体，以学生为中心，根据典型工作任务和工作过程设计课程体系和内容，培养学生的综合职业能力。一体化教学的条件包含：一体化场地（情景）、一体化师资、一体化教材、一体化载体（设备）。一体化教学的特征是：学校办学与企业管理一体化、企业车间与实训教学一体化、学校老师与企业技术人员一体化、学校学生与企业职工一体化、实训任务与生产任务一体化。一体化教学重要过程是：按照典型载体技术与职业资格的不同要求，实施不同层次的能力培养和模块教学。一体化教学的核心内涵是：理论学习与实践学习相结合，在学习中工作，在工作中学习。一体化教学的目的是：培养学生的综合能力，包括专业能力、方法能力和社会能力。

广东三向教学仪器制造有限公司和广东省清远市技师院、广东省岭南工商第一技师学院、广东省湛江市技师学院、广东省深圳技师学院等职业院校，根据人力资源和社会保障部一体化教学相关文件精神，于2009年10月组建了由机电一体化教学试点院校的专家、大中型企业培训专家、广东省部分技工院校专家及三向企业研发中心工程师等32人组成的一体化工作专家委员会，并由部分专家组成学习团远赴新加坡南洋理工大学进行学习交流，学习当前世界上先进的职业教育理念。组织专家委员会到广东东风日产汽车制造公司、深圳汇丰科技公司等工厂企业深入调查研究，广泛征询企业管理人员、技术员和一线岗位操作工人对机电专业学生就业能力的意见和建议。按照国家职业标准、一体化课程开发标准和专业培养目标对机电等专业一体化教学的典型载体、课程标准、教学工作页、评价体系等进行研究和开发。

在探索过程中，我们始终坚持典型工作任务必须来源于企业实践的原则，并经过长达6个月的企业调查，从众多企业需求中进行筛选、提练和总结，再经一系列教学化处理，设计了一批既满足企业需要又符合一体化教学要求的典型工作任务。构建了由机械装调技术、电工技术、电子技术、可编程与触摸屏技术、驱动技术、传感技术、通信与网络技术、机器人技术等组成的课程体系。

在专家委员会的指导下，由各校相关学科的骨干课程专家和有实践经验的专业教师、实践专家和部分企业专家组成一体化课程设计组，将典型工作任务经过教学化处理，将工作任务转化成相应的学习领域，确定各课程的学习任务、目标、内容、方法、流程和评价方法，并以典型任务中综合职业能力为目标，以人的职业成长和职业生涯发展规律为依据，编写“课程设计方案”和“学材”，经过多次探索、修改和教学实践，基本完成了一套符合教学需求的工作页编写，把理论教学与实践工作融为一体，突破了传统理论与实践分割的教学模式。此处，根据典型工作任务中工作过程要素，参考企业规章制度、工具材料领取等环节设计了真实的学习情境，使学生感受到完成学习任务的过程即为企业工作任务的情景，加快从学生到劳动者角色的转变。

从专家组成立、文件学习、企业考察、任务设计、载体选型、学材编写、情景化建设、模块教学及师资培训等方面都进行了大量的调研、探索和研发工作，历经近两年。经过专家委员会全体专家的不懈努力，2010年秋季，机电专业一体化教学课程方案在广东省岭南工商第一技师学院落户并试教，2011年春季部分课程教学模块分别在广东省清远市技师学院、广州市机电技师学院、湛江市技师学院同时展开教学和应用。

经过两年多的一体化教学实践，参与一体化教学探索和实践的学校发生了两个根本性转变，一是参加一体化教学的老师对实施一体化教学的认识态度上发生转变，从犹豫、彷徨、怕麻烦、观望转变为要求参与、主动配合、积极探索与实践；另一是学生由被动、厌倦学习到喜爱、主动学习的转变，极大提高了其学习的主动和积极性，加快了教学以学生为中心的转变。事实说明，一体化教学法是当前我国职业教育中行之有效的一种教学模式，它符合中国国情和经济需要。

目前，国内许多职业院校正在开展一体化教学试验工作，三向公司和其他院校所做的上述探索和研究，虽然取得了一点成果，但也是摸着石头过河定有许多不足之处，在此抛砖引玉，敬请各位领导、专家及老师提宝贵意见，以便我们改正和提高。本书由莫文统、陈学军、张小珍、黄艳、王建华和朱振豪编写，莫文统主编，在编写过程中得到了广东省深圳市技师学院侯勇志处长的关心、鼓励和审定，同时广东三向教学仪器制造有限公司的工程师们对本书的修改和补充提出了宝贵意见，在此表示衷心感谢。

由于时间仓促，编者水平有限，缺乏经验，书中难免会有错漏之处，恳切期望广大读者批评指正。

广东三向教学仪器制造有限公司

2013 年 3 月

目　录

驱动技能工作岛能力目标分解表

技能工作岛	典型工作任务	课程名称	学习任务名称	课时	知识点	技能点	维修电工国家职业标准
驱动技能工作岛（156课时）	任务一：传送带基本运行控制（24课时）	变频器基本调速应用	1. 认识变频器	6	1. 变频器的概述 2. 变频器的基本结构及原理 3. 变频器的调速控制方式	1. 拆装变频器 2. 变频器与三相电源、变频器与三相异步电动机之间的导线连接	中级
			2. 应用变频器基本运行功能控制传送带	6	1. 控制电路输入端子的功能 2. 运行模式参数 Pr. 79 的设置 3. 变频器操作面板说明	1. 变频器面板操作 2. 变频器 PU、外部、点动操作模式之间的切换 3. 组合操作模式 1、模式 2 的控制 4. 三段速度的运行与操作	
			3. 应用变频器的基本参数控制传送带	6	1. 变频器基本参数意义及作用 2. 几种基本参数设置方法	1. 常用基本参数的设置 2. 几种参数的设置调试	
			4. 应用变频器多段速度控制传送带	6	1. 七段、十五段速度参数作用与设置方法 2. 端子扩展功能参数的作用与设置方法	1. 硬件接线操作 2. 设置多段速参数 3. 设置端子扩展功能参数 4. 七段、十五段速度控制操作调试	
	任务二：传送带拓展功能运行控制（12课时）	变频器拓展功能应用	1. 变频器的频率跳变运行与制动控制	6	1. 跳变运行和制动控制原理 2. 跳变运行和制动控制相关参数作用	1. 硬件接线操作 2. 设置跳变运行和制动控制相关参数 3. 跳变运行和制动控制调试	高级
			2. 在传送带上实现 PID 控制调试	6	1. PID 概述 2. 变频器 PID 相关参数的作用与设置方法	1. 硬件接线操作 2. 设置变频器 PID 相关参数 3. 变频器 PID 运行控制调试	
	任务三：搬运机械手的运行控制（42课时）	气动技术	1. 认识气动回路	6	1. 气动技术概念 2. 气动回路结构和原理	1. 气动回路的安装连接 2. 气动回路的运行调试	技师
		步进驱动技术	2. 利用步进驱动系统实现机械手的直线移动控制	6	1. 步进系统概述 2. 步进电动机、步进驱动器的结构和工作原理 3. 步进驱动器的端子名称及功能 4. PLSY、PLSR（Y0、Y1）输出指令说明	1. 步进系统的安装与接线 2. PLC 控制程序的编写 3. 搬运机械手左右移动运行调试	
			3. 利用步进驱动系统实现机械手的定位控制	12	1. 步进驱动器输出电流和细分设置介绍 2. 步进系统定位控制 PLC 编程方法	1. 步进系统的安装与接线 2. 步进系统定位控制 PLC 程序的编写 3. 搬运机械手定位运行调试	
			4. 搬运机械手的应用设计	18	1. 定位脉冲输出模 FX2N－1PG 介绍 2. 定位脉冲输出模 FX2N－1PG 基本参数说明 3. FROM 和 TO 指令说明	1. 定位脉冲输出模块 FX2N－1PG、步进驱动器、步进电动机的接线 2. 定位脉冲输出模 FX2N－1PG 基本参数设置 3. PLC 控制程序编写 4. 搬运机械手的运行调试	

续表

技能工作岛	典型工作任务	课程名称	学习任务名称	课时	知识点	技能点	维修电工国家职业标准
驱动技能工作岛（156课时）	任务四：圆形转盘加工台的运行控制（60课时）	伺服驱动技术	1. 认识伺服系统	18	1. 伺服系统概述 2. 伺服电机、编码器结构原理 3. 伺服驱动器内部结构及原理	1. 伺服系统各部件的安装及接线 2. 伺服驱动器控制面板操作 3. 伺服驱动器试运行调试	技师
			2. 利用伺服系统速度控制模式控制圆形转盘加工台	12	1. 伺服驱动器速度控制模式原理 2. 伺服驱动器相关功能端子的名称作用 3. 速度控制模式下相关参数含义及其设置方法	1. 速度控制模式的接线操作 2. 设置速度控制模式下的相关参数 3. 伺服驱动器速度控制模式的运行调试	
			3. 利用伺服系统转矩控制模式控制圆形转盘加工台	12	1. 伺服驱动器转矩控制模式原理 2. 伺服驱动器相关功能端子的名称作用 3. 转矩控制模式下相关参数含义及其设置方法	1. 转矩控制模式的接线操作 2. 设置转矩控制模式下的相关参数 3. 伺服驱动器转矩控制模式的运行调试	
			4. 利用伺服系统位置控制模式控制圆形转盘加工台	18	1. 伺服驱动器位置控制模式原理 2. 伺服驱动器电子齿轮参数介绍 3. 位置控制模式相关参数含义及其设置方法	1. 位置控制模式下的接线操作 2. 设置位置控制模式下的相关参数 3. PLC 控制程序的编写 4. 结合上位机（PLC）进行的调试控制	
	任务五：药粒自动瓶装控制系统的设计（18课时）	驱动器综合应用	药粒自动瓶装控制系统的设计	18	1. 变频器、步进驱动器、伺服驱动器相关参数作用及设置方法 2. PLC 程序指令应用	1. 气动回路的安装调试及设备接线 2. 各驱动器的参数设置 3. 编写出 PLC 控制程序，并完成系统调试	技师

任务一　传送带基本运行控制

工作情景：

客户（甲方）：

为满足对于不同类型的药品输送，我药厂拟增加一条药品输送带，要求输送带运行稳定可靠、节能降耗，且能在多种速度下运行，请贵公司尽快着手安排人员前来设计安装。

某公司售后服务部（乙方）经理：

经调研，该药厂生产的药品品种繁多，各种药品在输送速度上有不同的要求，对系统的稳定性和节能方面要求较高。经我公司研发部研究决定采用变频器作为输送带的驱动器进行改造，望我部门员工能高质、高效，圆满完成此项业务。

学习任务一　认识变频器

【任务描述】

在过去，直流调速在性能上一直优于交流调速，对一些调速性能要求高的场合大都用直流调速。随着电力电子器件和微机技术的发展，20 世纪 80 年代初期出现了变频器，特别是近十多年来，变频器的性能得到了飞速发展，使得交流调速达到了与直流调速一样的水平，并且在某些方面超过直流调速。操作者通过设置必要的参数，变频器就能控制电机按照人们预想的曲线运行，例如，电梯运行的“S”形曲线，恒压供水控制，珍珠棉生产线的卷筒速度控制等。目前由于出现了高电压、大电流的电力电子器件，能对 10kV 的电动机直接进行变频调速以达到节能的目的，变频器的应用日益广泛，所以认识变频器并掌握变频器的应用至关重要。

【任务要求】

1. 认识变频器、了解变频器基本结构及原理。
2. 正确拆装变频器。
3. 完成变频器与三相电源、变频器与三相异步电动机之间的导线连接。
4. 以小组为单位，在小组内通过分析、对比、讨论决策出最优的实施步骤方案，由小组长进行任务分工，完成工作任务。

【能力目标】

1. 能理解变频器基本结构及原理。
2. 能理解变频器的操作面板。
3. 可完成变频器的拆装及主电路接线。
4. 培养创新改造、独立分析和综合决策能力。
5. 培养团队协作、与人沟通和正确评价能力。

【任务准备】

变频器（图 1－1－1）主要用于交流电动机（异步电机或同步电机）转速的调节，是公认的交流电动机最理想、最有前途的调速方案，除了具有卓越的调速性能之外，变频器还有显著的节能作用，是企业技术改造和产品更新换代的理想调速装置。自 20 世纪 80 年代被引进中国以来，变频器作为节能应用与速度工艺控制中越来越重要的自动化设备，得到了快速发展和广泛的应用。

图 1－1－1　三菱 E700 变频器

1. 变频器的结构

通用变频器由主电路和控制电路组成，其基本结构如图 1－1－2 所示。主电路包括整流器、中间直流环节和逆变器。控制电路由运算电路、检测电路、控制信号的输入/输出电路和驱动电路组成。

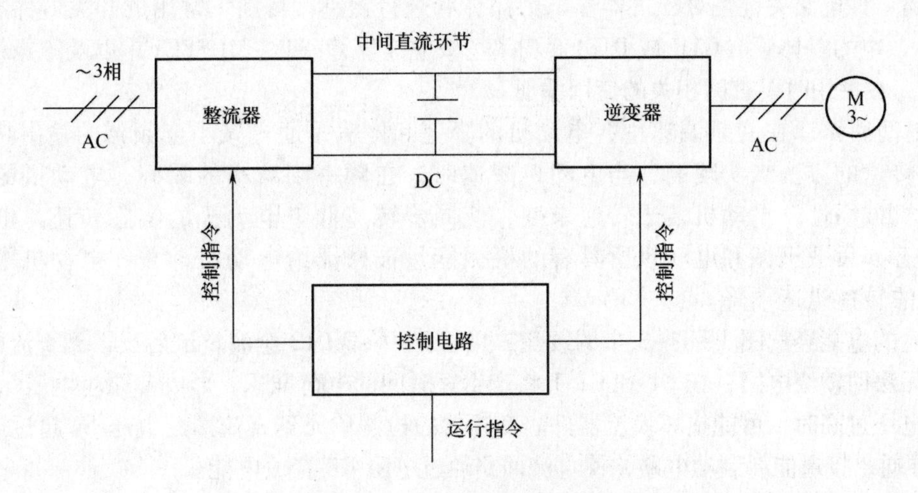

图1－1－2　变频器的基本结构

（1）主电路

1）整流电路　整流电路的主要作用是把三相（或单相）交流电转变成直流电，为逆变电路提供所需的直流电源，如图1－1－3中的VD1～VD6。

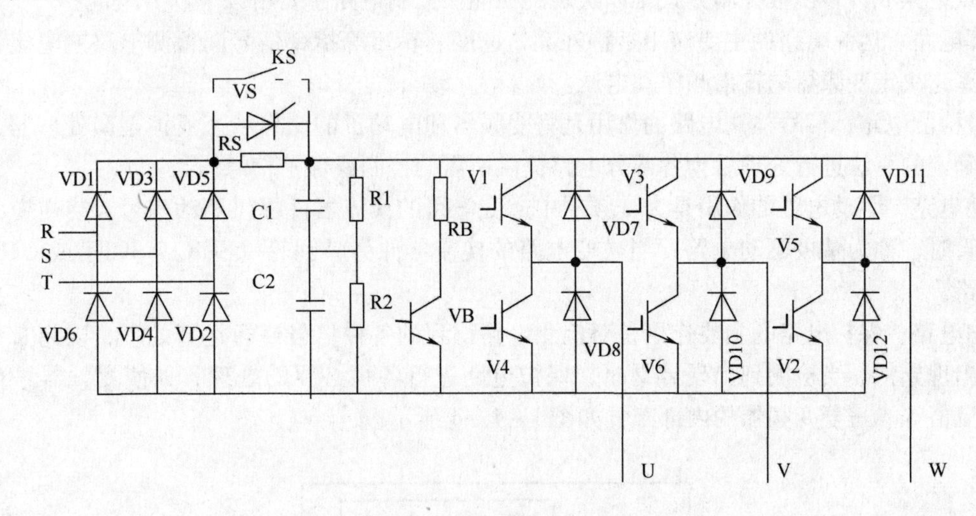

图1－1－3　交－直－交变频器主电路

2）滤波及限流电路　滤波电路通常由若干个电解电容并联成一组，如图1－1－3中C1和C2。为了解决电容C1和C2均压问题，在两电容旁各并联一个阻值相等的均压电阻R1和R2。

在图1－1－3中，串接在整流桥和滤波电容之间的限流电阻Rs和短路开关（虚线所画开关）组成了限流电路。当变频器接入电源瞬间，将有一个很大的冲击电流经整流桥流向滤波电容，整流桥可能因电流过大而在接入电源的瞬间受到损坏，限流电阻Rs可以削弱该冲击电流，起到保护整流桥的作用。在许多新的变频器中Rs已由晶闸管替代。

3）直流中间电路　整流电路可以将电网的交流电源整流成直流电压或直流电流，但这种电压或电流含有电压或电流纹波，将影响直流电压或电流的质量。为了减小这种电压或电流的波动，需要加电容器或电感器作为直流中间环节。

4）逆变电路　逆变电路是变频器最主要的部分之一，它的功能是在控制电路的控制下，将直流中间电路输出的直流电压转换为电压、频率均可调的交流电压，实现对异步电动机的变频调速控制。

变频器中应用最多的是三相桥式逆变电路，如图1－1－3所示，它是由电力晶体管（GTR）组成的三相桥式逆变电路，该电路关键是对开关器件电力晶体管进行控制。目前，常用的开关器件有门极可关断晶闸管（GTO）、电力晶体管（GTR 或 BJT）、功率场效应晶体管（P - MOSFET）以及绝缘栅双极型晶体管（IGBT）等，在使用时要查阅相关的使用手册。

5）能耗制动回路　在变频调速中，电动机的降速和停机是通过减小变频器的输出功率从而降低电动机的同步转速的方法来实现的，当电动机减速时，在频率刚减小的瞬间，电动机的同步转速随之降低，由于机械惯性，电动机转子转速未变，使同步转速低于电动机的实际转速，电动机处于发电制动运行状态，负载机械和电动机所具有的机械能量被回馈给电动机，并在电动机中产生制动力矩，使电动机的转速迅速下降。

电动机再生的电能经过图 1 - 1 - 3 中的续流二极管 VD7 ~ VD12 全波整流后反馈到直流电路，由于直流电路的电能无法回馈给电网，在 C1 和 C2 上将产生短时间的电荷堆积，形成“泵生电压”，使直流电压升高。当直流电压过高时，可能损坏换流器件。变频器的检测单元到直流回路电压 Us 超过规定值时，控制功率管 VB 导通，接通能耗制动电路，使直流回路通过电阻 RB 释放电能。

（2）变频器控制电路

为变频器的主电路提供通断控制信号的电路称为控制电路。其主要任务是完成对逆变器开关器件的开关控制和提供多种保护功能，控制方式有模拟控制和数字控制两种。目前已广泛采用了以微处理器为核心的全数字控制技术，主要靠软件完成各种控制功能，以充分发挥微处理器计算能力强和软件控制灵活性高的特点，完成许多模拟控制方式难以实现的功能。控制电路主要由以下部分组成：

1）运算电路　运算电路的主要作用是将外部的速度、转矩等指令信号同检测电路的电流、电压信号进行比较运算，决定变频器的输出频率和电压。

2）信号检测电路　信号检测电路的作用是将变频器和电动机的工作状态反馈至微处理器，并由微处理器按事先确定的算法进行处理后为各部分电路提供所需的控制或保护信号。

3）驱动电路　驱动电路的作用是为变频器中逆变电路的换流器件提供驱动信号。当逆变电路的换流器件为晶体管时，称为基极驱动电路；当逆变电路的换流器件为晶闸管（SCR）、IGBT 或 GTO 时，称为门极驱动电路。

4）保护电路　保护电路的主要作用是对检测电路得到的各种信号进行运算处理，以判断变频器本身或系统是否出现异常。当检测到出现异常时，保护电路进行各种必要的处理，如使变频器停止工作或抑制电压、电流值等。三菱变频器的内部布置如图 1 - 1 - 4 所示。

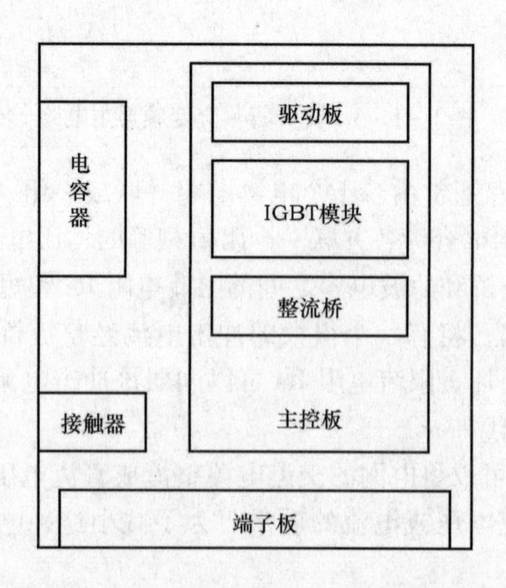

图 1 - 1 - 4　三菱变频器的内部布置示意图

2. 变频器的外观及铭牌

（1）三菱 E700 变频器外观如图 1－1－5 所示。

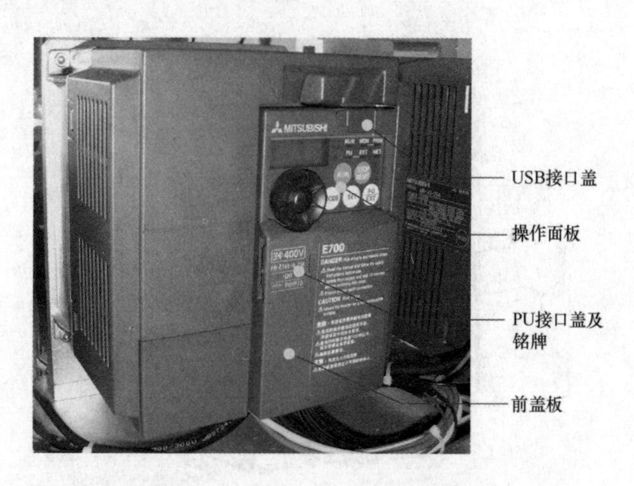

图 1－1－5　三菱 E700 变频器外观

（2）铭牌注解如图 1－1－6 所示。

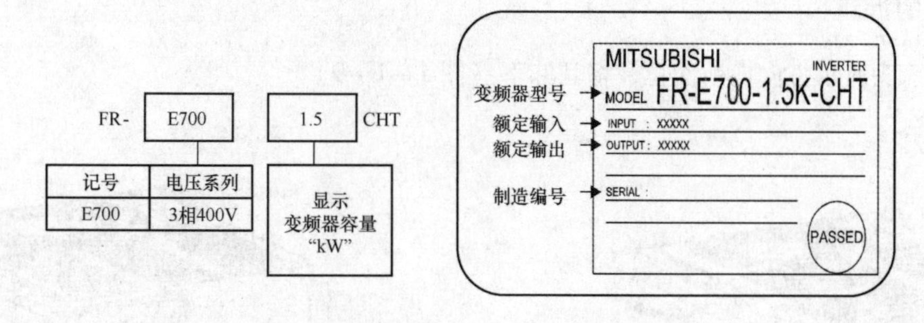

图 1－1－6　三菱 E700 变频器铭牌注解

（3）三菱 E700 操作面板，如图 1－1－7 所示。

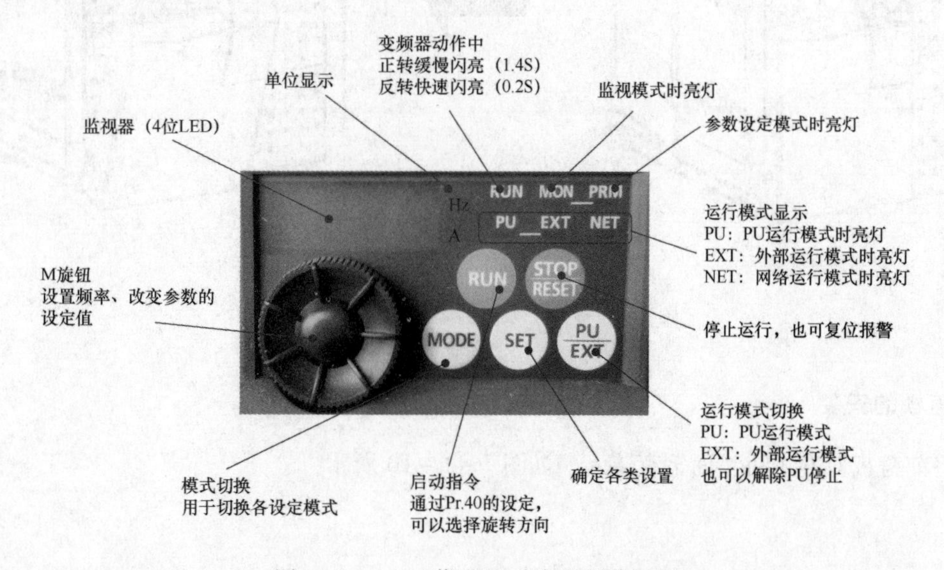

图 1－1－7　三菱 E700 变频器操作面板

3. 变频器的装拆

（1）变频器安装示意图，如图1－1－8所示。

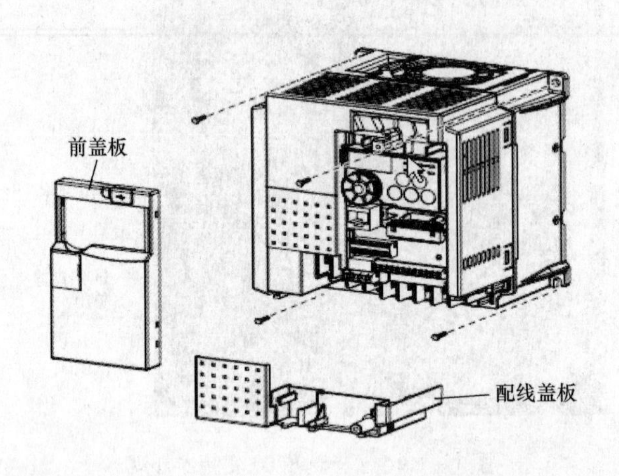

图1－1－8　变频器安装示意图

（2）前盖板的拆卸

将前盖板沿箭头所示方向向前面拉，将其卸下（图1－1－9）。

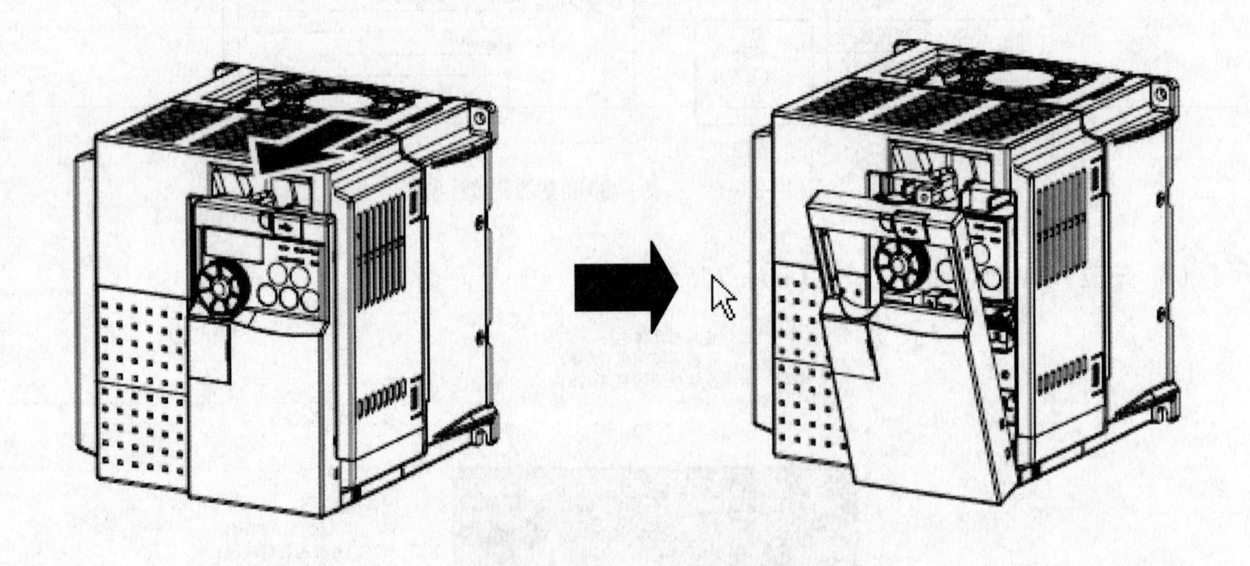

图1－1－9　变频器前盖板的拆卸示意图

（3）前盖板的安装

安装时将前盖板对准主机正面笔直装入，如图1－1－10所示。

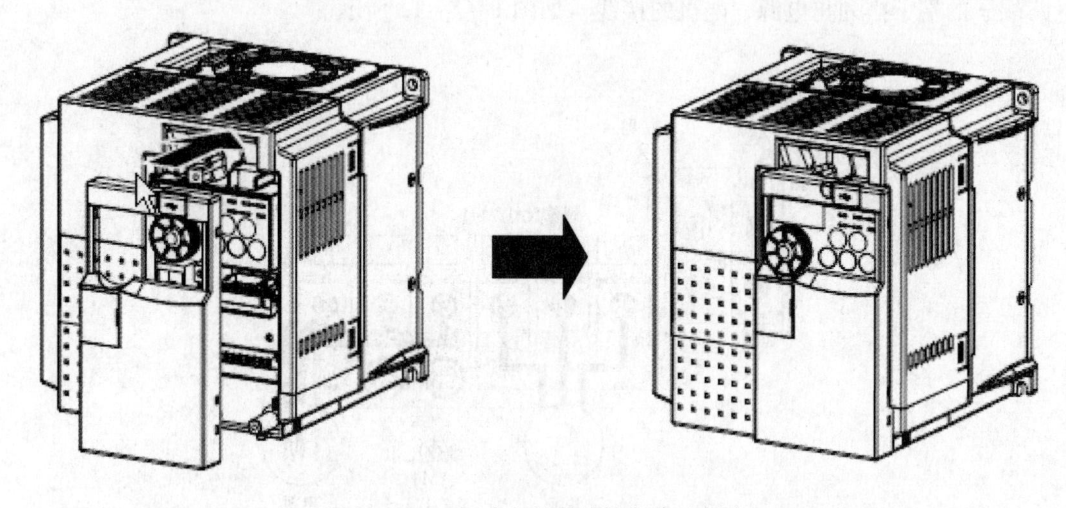

图 1－1－10　变频器前盖板安装示意图

（4）配线盖板的拆装

将配线盖板向前拉即可简单卸下，安装时请对准安装导槽将盖板装在主机上，如图 1－1－11 所示。

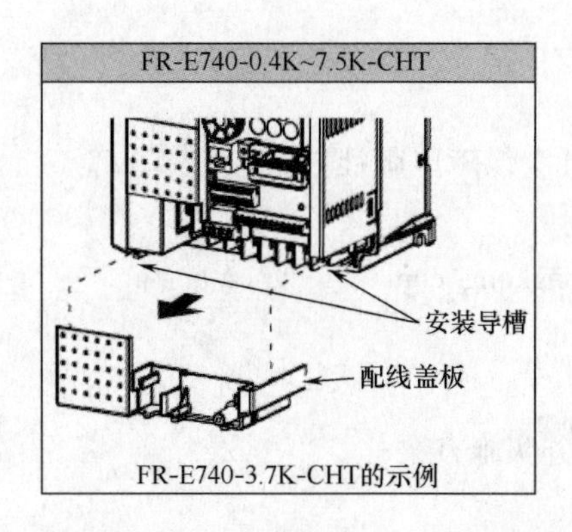

图 1－1－11　配线盖板的拆装示意图

4. 主电路接线端子说明（表 1－1－1 所示）

表 1－1－1　　主电路接线端子说明

端子记号	端子名称	端子功能说明
R/L1、S/L2、T/L3	交流电源输入	连接工频电源 当使用高功率因数变流器（FR－HC）及共直流母线变流器（FR－CV）时不要连接任何东西
U、V、W	变频器输出	连接三相鼠笼型异步电动机
P/＋、PR	制动电阻器连接	在端子 P/＋－PR 间连接制动电阻器（FR/ABR）
P/＋、N/－	制动单元连接	连接制动单元（FR－BU2）、共直流母线变流器（FR－CV）以及高功率因数变流器（FR－HC）
P/＋、P1	直流电抗器连接	拆下端子 P/＋－P1 间的短路片，连接直流电抗器
⏚	接地	变频器机架接地用。必须接大地

主电路端子的端子排列与电源、电机的接线，如图 1－1－12 所示。

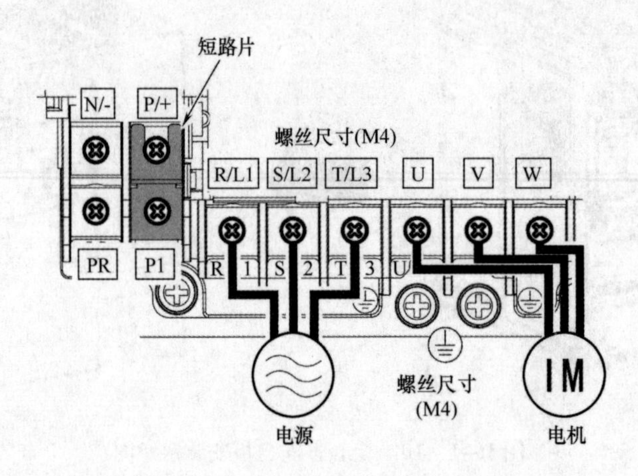

图 1－1－12　主电路端子与接线示意图

注意：电源线必须连接至 R/L1、S/L2、T/L3。绝对不能接 U、V、W，否则会损坏变频器。（没有必要考虑相序）

更多资讯请参考：

◆《变频技术》（中国劳动和社会保障出版社）

◆《三菱变频器 E700 使用手册》

◆ 中国工控网 http：//www. gongkong. com/

【任务计划】

经小组讨论后，制定出以下任务实施方案：

1．变频器的拆装

将拆装步骤填入表格。

拆装步骤	内容描述
(1)	
(2)	
(3)	
(4)	
(5)	
(6)	

2．主电路接线

根据主电路接线原理图，完成模拟图连线。

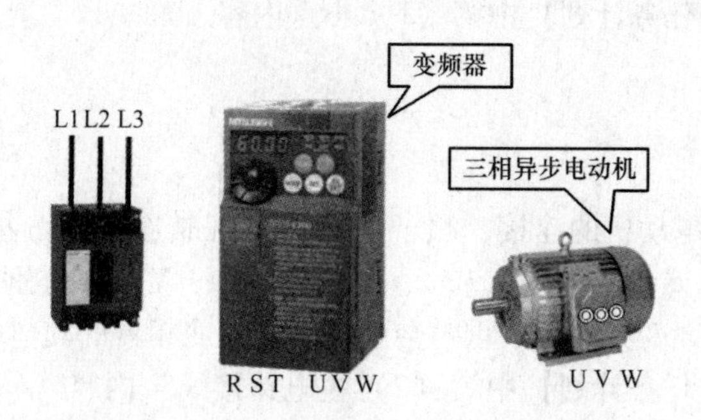

提醒　计划内容若超出以上表格或画图区范围，可自行续表或扩大画图区。

【任务实施】

以下为参考步骤，各小班可参照实施，也可按本组计划方案合理执行。

1. 准备工具及材料

为完成工作任务，每个工作小组需要向工作岛内仓库工作人员借用工具及领取材料，如表 1－1－2，表1－1－3 所示。

表 1－1－2　________工作岛借用工具清单

名称	数量	规格	单位	借出时间	借用人签名	归还时间	归还人签名	管理员签名

表 1－1－3　________工作岛领取材料清单

名称	规格型号	单位	申领数量	实发数量	归还时间	归还人签名	管理员签名

2. 变频器的拆装

拆卸时注意必须小心，要牢记变频器的外形结构和拆卸步骤，严禁硬掰，敲打和碰撞，以防止零件受损。安装时注意变频器的安装位置是否妥当，切勿倒装，螺钉需配合螺母和垫片并拧紧，以免松动。外壳需可靠接地，可在安装时将接地线通过变频器固定螺钉拧接在变频器外壳上。

参见【任务准备】以及【任务计划】中第（1）小点内容。

3. 按照接线图

完成电源开关、变频器与电动机的连接，端子与导线应可靠连接，切勿松动。注意，电源经空气开关后，接入到变频器 R（L1）、S（L2）、T（L3）、变频器的 U、V、W 分别对应接到电动机的 U、V、W 上，切勿接反，否则将可能烧毁变频器，严重时会引发事故。变频器的其他端子保持不变。

参见【任务准备】以及【任务计划】中“（2）主电路接线”内容。

【任务评价】

展示：各小组派代表展示任务实施效果，并分享任务实施经验。

（1）其他小组提出的改进建议

____

____

____

____

____

____

（2）学生自我评估与总结

____

____

____

____

____

____

____

____

（3）小组评估与总结

（4）教师评价（根据各小组学生完成任务的表现，给予综合评价，同时给出该工作任务的正确答案供学生参考）

（5）“6S”处理

所有测试完毕后，检测工作台设备各种功能是否正常，关闭技能岛总电源，拆线，清点工具及实习材料，维护保养仪器设备，确保其工作在最佳工作状态，并对工作岗位进行整理清扫，归还所借的工量具和实习工件。

（6）评价表

表 1-1-4　　任务评价表

班级：______ 小组：______ 姓名：______	任务名称：传送带基本运行控制 学习任务名称：认识变频器 指导教师：______ 日期：______						
评价项目	评价标准	评价依据	评价方式			权重	得分小计
			学生自评 20%	小组互评 30%	教师评价 50%		
职业素养	1. 遵守企业规章制度、劳动纪律 2. 按时按质完成工作任务 3. 积极主动承担工作任务，勤学好问 4. 人身安全与设备安全 5. 工作岗位6S完成情况	1. 出勤 2. 工作态度 3. 劳动纪律 4. 团队协作精神				0.3	
专业能力	1. 认识变频器，了解变频器基本结构及原理 2. 正确拆装变频器 3. 完成变频器与三相电源、变频器与三相异步电动机之间的导线连接	1. 操作的准确性和规范性 2. 工作页或项目技术总结完成情况 3. 专业技能任务完成情况				0.5	
创新能力	1. 在任务完成过程中能提出自己的有一定见解的方案 2. 在教学或生产管理上提出建议，具有创新性	1. 方案的可行性及意义 2. 建议的可行性				0.2	
合计							

学习任务二　应用变频器基本运行功能控制传送带

【任务描述】

变频器的基本运行功能包括启动、停止、正转与反转、正向点动与反向点动、运行频率调节等。变频器的基本功能运转指令输入方式有控制面板输入和外部端子输入两种。这些基本功能运转指令输入方式须按照实际的需要进行选择设置，同时也可以根据功能进行相互之间的方式切换。

【任务要求】

1. 利用变频器的操作面板完成模式切换、运行频率设定、数据清除等操作。
2. 分别用变频器的 PU、外部、PU 点动、组合操作模式控制传送带电动机运行。
3. 以小组为单位，在小组内通过分析、对比、讨论决策出最优的实施步骤方案，由小组长进行任务分工，完成传送带的运行调试。

【能力目标】

1. 能掌握变频器的面板操作。
2. 能掌握变频器 PU、外部、PU 点动、组合操作模式的应用。
3. 能根据控制任务完成调试操作。
4. 培养创新改造、独立分析和综合决策能力。
5. 培养团队协作、与人沟通和正确评价能力。

【任务准备】

1. 键盘面板操作体系

基本操作包括监视器、频率设定，参数设定和报警历史等，如图 1－2－1 所示。

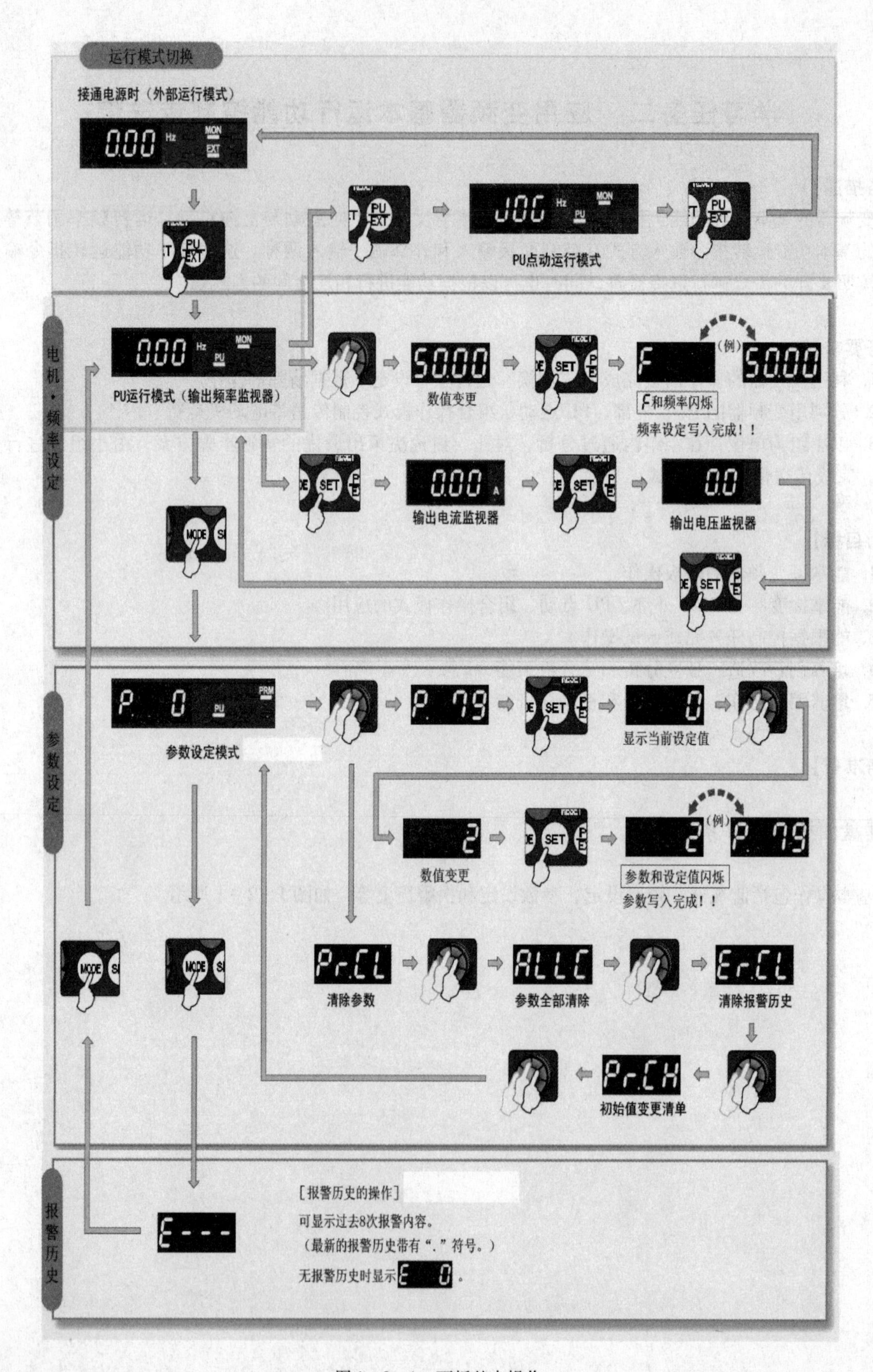

运行模式切换
接通电源时（外部运行模式）
PU点动运行模式
电机·频率设定
PU运行模式（输出频率监视器）
数值变更
F和频率闪烁
频率设定写入完成！！
输出电流监视器
输出电压监视器
参数设定
参数设定模式
显示当前设定值
数值变更
参数和设定值闪烁
参数写入完成！！
清除参数
参数全部清除
清除报警历史
初始值变更清单
报警历史
[报警历史的操作]
可显示过去8次报警内容。
（最新的报警历史带有“.”符号。）
无报警历史时显示

图1－2－1　面板基本操作

2. 控制电路输入端子的功能

控制电路输入端子的功能如表 1-2-1 所示。

表 1-2-1　　控制电路输入端子的功能

<table>
<tr><th>分类</th><th>端子标记</th><th>端子名称</th><th colspan="2">端子功能说明</th><th>额定规格</th></tr>
<tr><td rowspan="10">接点输入</td><td>STF</td><td>正转启动</td><td>STF 信号 ON 时为正转、OFF 时为停止指令</td><td rowspan="2">STF、STR 信号同时 ON 时变成停止指令</td><td rowspan="4">输入电阻 4.7kΩ
开路时电压 DC21～26V
短路时电流 DC4～6mA</td></tr>
<tr><td>STR</td><td>反转启动</td><td>STR 信号 ON 时为反转、OFF 时为停止指令</td></tr>
<tr><td>MRS</td><td>输出停止</td><td colspan="2">MRS 信号 ON（20ms 或以上）时，变频器输出停止
用电磁制动器停止电机时用于断开变频器的输出</td></tr>
<tr><td>RES</td><td>复位</td><td colspan="2">用于解除保护电路动作时的报警输出。请使 RES 信号处于 ON 状态 0.1s 或以上，然后断开
初始设定为始终可进行复位。但进行了 Pr.75 的设定后，仅在变频器报警发生时可进行复位。复位所需时间约为 1s</td></tr>
<tr><td rowspan="3">SD</td><td>接点输入公共端（漏型）（初始设定）</td><td colspan="2">接点输入端子（漏型逻辑）的公共端子</td><td rowspan="3"></td></tr>
<tr><td>外部晶体管公共端（源型）</td><td colspan="2">源型逻辑时当连接晶体管输出（即集电极开路输出）、例如可编程控制器（PLC）时，将晶体管输出用的外部电源公共端接到该端子时，可以防止因漏电引起的误动作</td></tr>
<tr><td>DC24V 电源公共端</td><td colspan="2">DC24V 0.1A 电源（端子 PC）的公共输出端子。与端子 5 及端子 SE 绝缘</td></tr>
<tr><td rowspan="3">PC</td><td>外部晶体管公共端（漏型）（初始设定）</td><td colspan="2">漏型逻辑时当连接晶体管输出（即集电极开路输出）、例如可编程控制器（PLC）时，将晶体管输出用的外部电源公共端接到该端子时，可以防止因漏电引起的误动作</td><td rowspan="3">电源电压范围 DC22～26V
容许负载电流 100mA</td></tr>
<tr><td>接点输入公共端（源型）</td><td colspan="2">接点输入端子（源型逻辑）的公共端子</td></tr>
<tr><td>DC24V 电源</td><td colspan="2">可作为 DC24V、0.1A 的电源使用</td></tr>
<tr><td rowspan="4">频率设定</td><td>10</td><td>频率设定用电源</td><td colspan="2">作为外接频率设定（速度设定）用电位器时的电源使用。（参照 Pr.73 模拟量输入选择）</td><td>DC5.2V±0.2V
容许负载电流 10mA</td></tr>
<tr><td>2</td><td>频率设定（电压）</td><td colspan="2">如果输入 DC0～5V（或 0～10V），在 5V（10V）时为最大输出频率，输入输出成正比。通过 Pr.73 进行 DC0～5V（初始设定）和 DC0～10V 输入的切换操作</td><td>输入电阻 10kΩ±1kΩ
最大容许电压 DC20V</td></tr>
<tr><td>4</td><td>频率设定（电流）</td><td colspan="2">如果输入 DC4～20mA（或 0～5V，0～10V），在 20mA 时为最大输出频率，输入输出成正比。只有 AU 信号为 ON 时端子 4 的输入信号才会有效（端子 2 的输入将无效）。通过 Pr.267 进行 4～20mA（初始设定）和 DC0～5V、DC0～10V 输入的切换操作。电压输入（0～5V/0～10V）时，请将电压/电流输入切换开关切换至“V”</td><td>电流输入的情况下：
输入电阻 233Ω±5Ω
最大容许电流 30mA
电压输入的情况下：
输入电阻 10kΩ±1kΩ
最大容许电压 DC20V</td></tr>
<tr><td>5</td><td>频率设定公共端</td><td colspan="2">频率设定信号（端子 2 或 4）及端子 AM 的公共端子。请勿接大地</td><td></td></tr>
</table>

3. 运行模式参数 Pr. 79 的设置

一般来讲，参数 Pr. 79 可以实现以下 3 种功能。

（1）外部/PU 切换模式

外部/PU 切换模式如表 1－2－2 所示。

表 1－2－2　　外部/PU 切换模式

参数编号	名称	初始值	设定范围	内容	LED 显示 ■：灭灯 □：亮灯
79	模式选择	0	0	外部/PU 切换模式中，通过键可以切换 PU 与外部运行模式，电源投入时为外部运行模式	外部运行模式： EXT PU 运行模式： PU
			1	PU 运行模式固定	PU
			2	固定为外部运行模式 可以在外部、网络运行模式间切换运行	外部运行模式： EXT 网络运行模式： NET

（2）组合运行模式

表 1－2－3 所示为参数 Pr. 79＝3、4 时的功能。

表 1－2－3　　组合运行模式

参数编号	名称	初始值	设定范围	内容		LED 显示 ■：灭灯 □：亮灯
79	模式选择	0	3	外部/PU 组合运行模式 1		PU　EXT
				频率指令	启动指令	
				用操作面板、PU［FR－PU04－CH/FR－PU07］设定或外部信号输入［多段速设定，端子 4－5 间（AU 信号 ON 时有效）］	外部信号输入（端子 STF、STR）	
			4	外部/PU 组合运行模式 2		
				频率指令	启动指令	
				外部信号输入（端子 2、4、JOG、多段速选择等）	通过操作面板的键、PU（FR－PU04－CH/FR－PU07）的 RUN 键来输入	

（3）其他模式

当Pr. 79 =6时，表示可以一边继续运行状态，一边实施PU运行、外部运行、网络运行三者之间的切换。

当Pr. 79 =7时，表示外部运行模式（PU操作互锁），即当X12信号为ON时，可切换到PU运行模式（正在外部运行时输出停止）；X12信号为OFF时，禁止切换到PU运行模式。

4. 各操作模式下的基本操作步骤

（1）PU操作模式

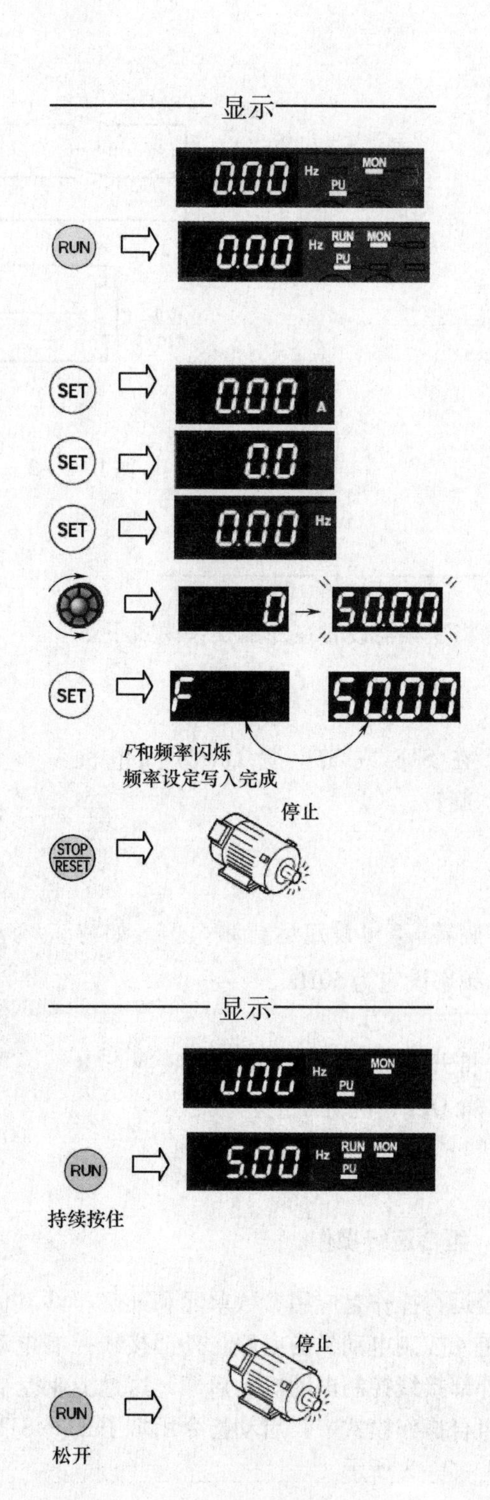

操作

1）将变频器设置在PU模式下。

2）按RUN键运行变频器

通过Pr. 40的设定，可以选择旋转方向。

3）按SET键可以在电流、电压、频率监视中切换。

4）旋转旋钮可设定运行频率值，如将频率设定为50Hz。

5）按SET键确认。

6）按下STOP/RESET键停止。

（2）PU点动操作

操作

1）将变频器设置在PU点动操作模式下。

2）按RUN键

- 按下RUN的期间内电动机旋转。
- 通过参数Pr. 15设定点动运行，频率出厂设定值为5Hz。

3）松开RUN键。

（3）外部操作模式

外部操作模式接线图如图 1－2－2 所示。

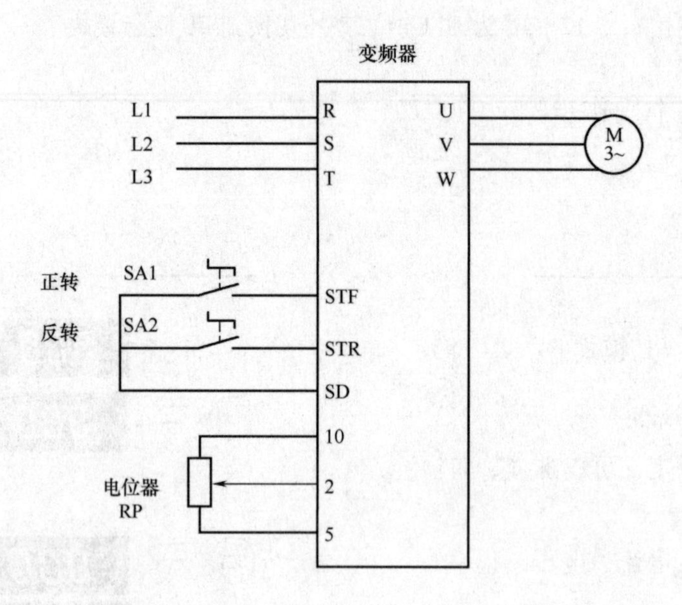

图 1－2－2　外部操作模式接线图

操作	显示
1）将变频器设置在外部操作模式下。	0.00 Hz MON EXT
2）在 STF 或 STR 置 ON 期间电机旋转。	正转 ON 反转　0.00 Hz RUN MON EXT
3）旋转（旋钮）可设定运行频率值，如将频率设定为 50Hz。	50.00 Hz RUN MON EXT
4）将开关 SA1 或 SA2 即 STF 或 STR 置 OFF，电机停止。	正转 OFF 反转　停止

（4）组合运行操作

组合运行操作是应用参数单元和外部接线共同控制变频器运行的一种方法，一般有两种模式。一种是参数单元控制电动机的启停，外部接线控制电动机的运行频率；另一种是参数单元控制电动机的运行频率，外部接线控制电动机的启停，这是工业控制中常用的方法。

①组合操作模式一：启动指令用端子 STF/STR 设置为 ON 来进行，频率给定通过 PU 面板设定。接线图如图 1－2－3 所示。

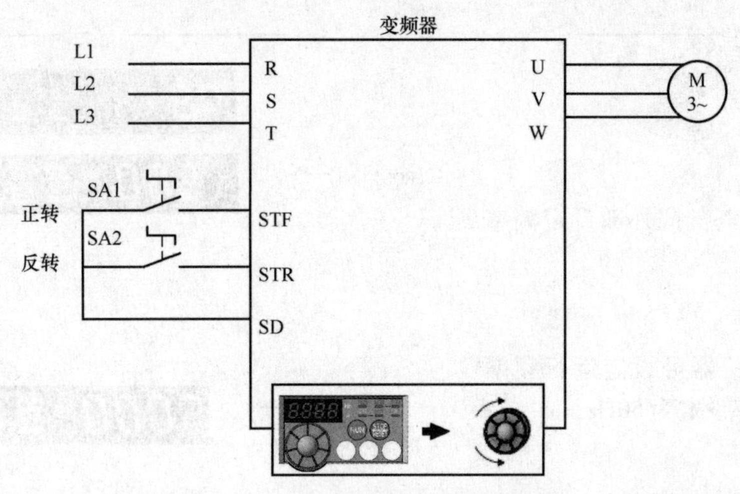

图1-2-3　组合操作模式一接线图

操作　　　　显示

1）将 Pr. 79 设置为 3。

2）将启动开关（STF 或 STR）设置为 ON。电动机按操作面板的频率设定模式转动。

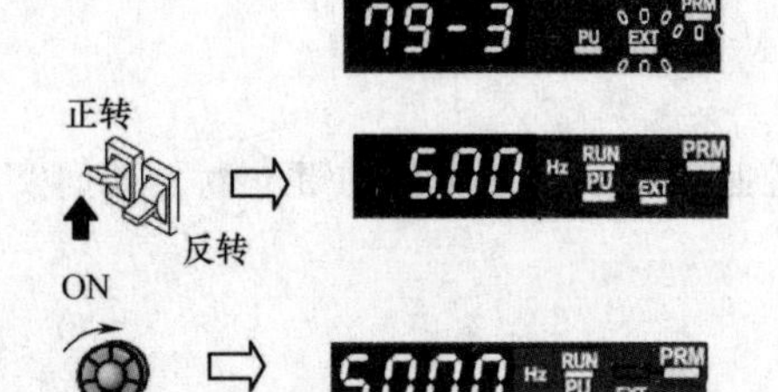

3）旋转可设定运行频率值，如将频率设定为 50Hz。

4）按SET键确认。

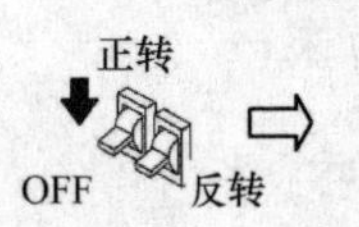

F和频率闪烁
频率设定写入完成

5）将启动开关（STF 或 STR）设置为 OFF，电机停止。

正转
OFF
反转
停止

②组合操作模式二：启动指令通过 PU 面板设定，频率给定由外接电位器设定。接线图如图 1-2-4 所示。

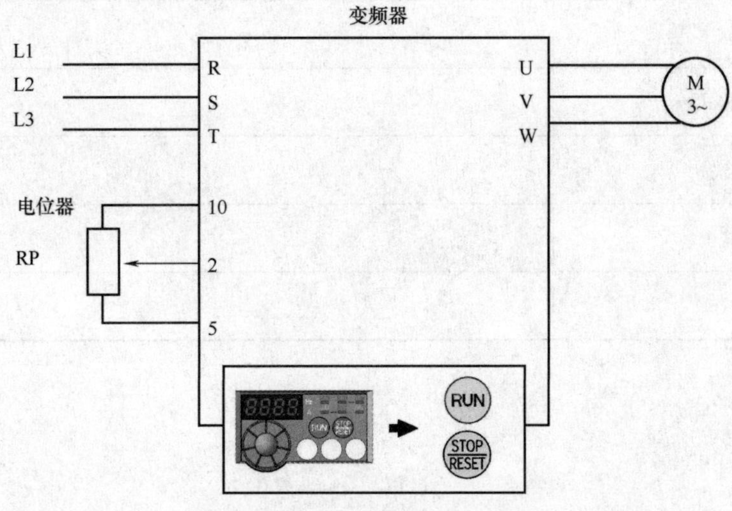

图1-2-4　组合操作模式二接线图

操作	显示
1）将 Pr. 79 设置为 4。	
2）启动 按下 RUN 键，电机按外部设定频率启动运行。	
3）旋转外接电位器可设定运行频率值，如将频率设定为 50Hz。	50.00 Hz
4）停止 按下 STOP/RESET 键，电机停止。	停止

思考

E700 变频器 PU 控制面板只有一个启动键 RUN，如何实现正反转控制呢？

更多资讯请参考：

◆《变频技术》（中国劳动和社会保障出版社）

◆《三菱变频器 E700 使用手册》

◆ 中国工控网 http：//www. gongkong. com/

【任务计划】

经小组讨论后，制定出以下任务实施方案：

1. 写出各模式的设定方法与步骤

操作模式	方法步骤
PU 操作模式	
PU 点动操作模式	
外部操作模式	
组合操作模式 1	
组合操作模式 2	

2. 画出外部操作模式、组合操作模式 1、2 的接线示意图

（1）外部操作模式接线示意图

（2）组合操作模式 1 接线示意图

（3）组合操作模式 2 接线示意图

3. 写出各操作模式下的运行操作方法

操作模式	正转启动	反转启动	停止	运行频率设定
PU 操作模式				
PU 点动操作模式				
外部操作模式				
组合操作模式 1				
组合操作模式 2				

4. 写出各操作模式的调试运行步骤

调试步骤	描述该步骤下会出现的现象	教师审核
(1)		
(2)		
(3)		
(4)		
(5)		
(6)		
(7)		
(8)		

提醒　计划内容若超出以上表格或画图区范围，可自行续表或扩大画图区。

【任务实施】

以下为参考步骤，各小班可参照实施，也可按本组计划方案合理执行。

1. 准备工具及材料

为完成工作任务，每个工作小组需要向工作岛内仓库工作人员借用工具及领取材料，如表 1－2－4 及表1－2－5 所示。

表 1－2－4　　________工作岛借用工具清单

名称	数量	规格	单位	借出时间	借用人签名	归还时间	归还人签名	管理员签名

表 1－2－5　　__________工作岛领取材料清单

名称	规格型号	单位	申领数量	实发数量	归还时间	归还人签名	管理员签名

2. 任务实施前的相关检查

检查项目	标准状态	当前状态	处理方法	教师审核
工作岛总电源	断开			
变频器主电路接线	良好			
各部件安装	牢固			
所需工具材料	齐全			

3. 根据任务控制要求进行调试

经老师审阅同意后，接通工作岛电源，并进行调试操作，操作时严格遵守安全操作规则，结合任务要求和计划完成调试操作。

参见【任务准备】以及【任务计划】1 ~4 点内容。

【任务评价】

（1）各小组派代表展示接线图和任务计划（利用投影仪），并分享任务实施经验。

（2）各小组派人展示变频器在各个操作模式下的运行操作，接受全体同学的检阅。

（3）其他小组提出的改进建议。

（4）学生自我评估与总结

（5）小组评估与总结

（6）教师评价（根据各小组学生完成任务的表现，给予综合评价，同时给出该工作任务的正确答案供学生参考）

（7）"6S"处理

所有测试完毕后，检测工作台设备各种功能是否正常，关闭技能岛总电源，拆线，清点工具及实习材料，维护保养仪器设备，确保其工作在最佳工作状态，并对工作岗位进行整理清扫，归还所借的工量具和实习工件。

（8）评价表

表1-2-6　任务评价表

<table>
<tr><td colspan="3">班级：________
小组：________
姓名：________</td><td colspan="6">任务名称：传送带基本运行控制
学习任务名称：应用变频器基本运行功能控制传送带
指导教师：________
日期：________</td></tr>
<tr><td rowspan="2">评价项目</td><td rowspan="2">评价标准</td><td rowspan="2">评价依据</td><td colspan="3">评价方式</td><td rowspan="2">权重</td><td rowspan="2">得分小计</td></tr>
<tr><td>学生自评
20%</td><td>小组互评
30%</td><td>教师评价
50%</td></tr>
<tr><td>职业素养</td><td>1. 遵守企业规章制度、劳动纪律
2. 按时按质完成工作任务
3. 积极主动承担工作任务，勤学好问
4. 人身安全与设备安全
5. 工作岗位6S完成情况</td><td>1. 出勤
2. 工作态度
3. 劳动纪律
4. 团队协作精神</td><td></td><td></td><td></td><td>0.3</td><td></td></tr>
<tr><td>专业能力</td><td>1. 掌握变频器面板操作
2. 掌握变频器PU、外部、点动模式操作及其之间的切换
3. 理解并掌握组合操作模式1控制
4. 理解并掌握组合操作模式2控制</td><td>1. 操作的准确性和规范性
2. 工作页或项目技术总结完成情况
3. 专业技能任务完成情况</td><td></td><td></td><td></td><td>0.5</td><td></td></tr>
<tr><td>创新能力</td><td>1. 在任务完成过程中能提出自己的有一定见解的方案
2. 在教学或生产管理上提出建议，具有创新性</td><td>1. 方案的可行性及意义
2. 建议的可行性</td><td></td><td></td><td></td><td>0.2</td><td></td></tr>
<tr><td>合计</td><td colspan="7"></td></tr>
</table>

【技能拓展】

在变频器处于外部操作模式时，若按图 1－2－2 所示接法接线，即点动控制，接通正转或反转（STF 或 STR）时，电机启动正转或反转，当断开正转或反转（STF 或 STR）时，电机停止。如何能使变频器具有启动保持功能呢？即在电机启动后断开正转或反转信号，电机仍能保持运行，待按下停止按钮时电机停止。如图1－2－5 所示。

根据本工作页提供的资料搜集渠道，搜集相关技术资料解决这一问题。

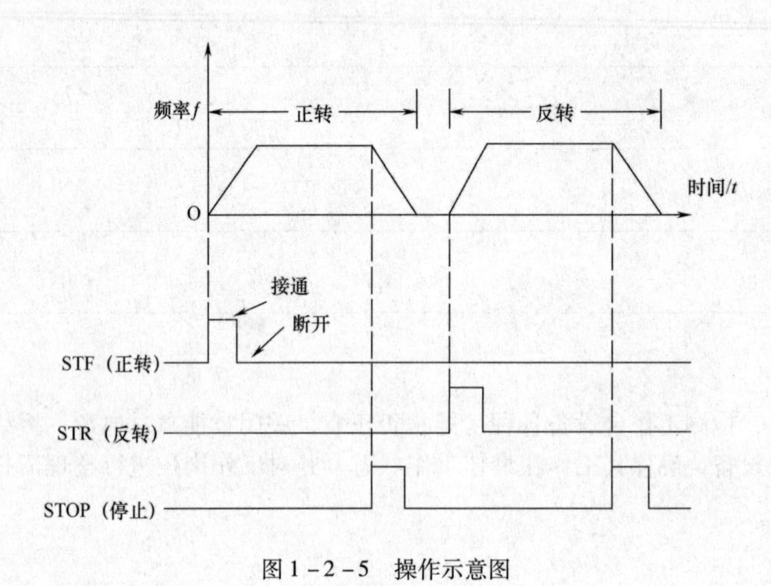

图 1－2－5　操作示意图

更多资讯请参考：

◆《变频技术》（中国劳动和社会保障出版社）

◆《三菱变频器 E700 使用手册》

◆ 中国工控网 http：//www. gongkong. com/

学习任务三　应用变频器的基本参数控制传送带

【任务描述】

变频器控制电动机运行的各种性能和运行方式，都是通过许多的参数设定来实现的，不同的参数都定义着某一个功能，不同的变频器参数的多少是不一样的。总体来说，有基本功能参数、运行参数、定义控制端子功能参数、附加功能参数、运行模式参数等，理解这些参数的意义，是应用变频器的基础。

【任务要求】

1. 根据变频器基本参数功能设置变频器的基本参数，并观察电动机在不同参数设置下的运行情况。

2. 以小组为单位讨论并确定 4 种不同类型的基本参数为任务实施对象，再通过分析、对比、讨论决策出最优的实施步骤方案，由小组长进行任务分工，完成任务要求。

【能力目标】

1. 能掌握变频器的参数设置方法。
2. 能理解变频器基本参数的意义。
3. 会变频器在不同参数设置下电动机的运行调试。
4. 培养创新改造、独立分析和综合决策能力。
5. 培养团队协作、与人沟通和正确评价能力。

【任务准备】

1. 变更参数设定值的操作

以变更 Pr. 1 上限频率的设定值为例，操作步骤如下：

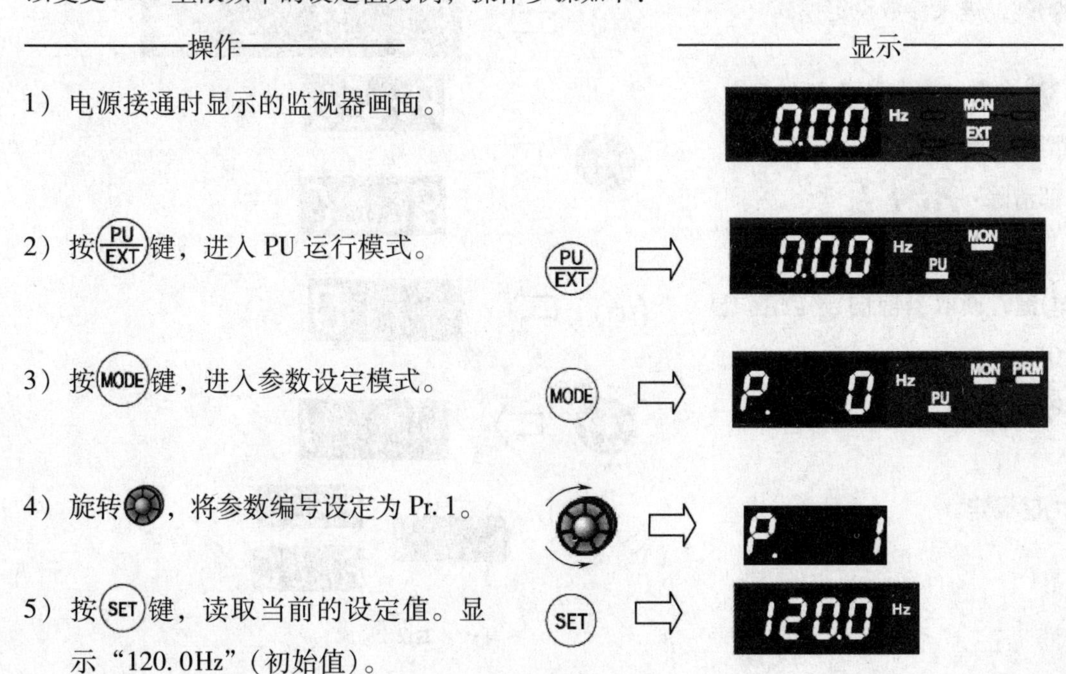

操作　　　　　　　　显示

6）旋转，将值设定为“50.00Hz”。

7）按SET键设定。

· 旋转可读取其他参数。

· 按键SET可再次显示设定值。

· 按两次SET键可显示下一个参数。

· 按两次MODE键可返回频率监视画面。

2. 参数清除、全部清除

设定 Pr. CL 参数清除、ALLC 参数全部清除 = “1”，可使参数恢复为初始值。（如果设定 Pr. 77 参数写入选择 = “1”，则无法清除。）

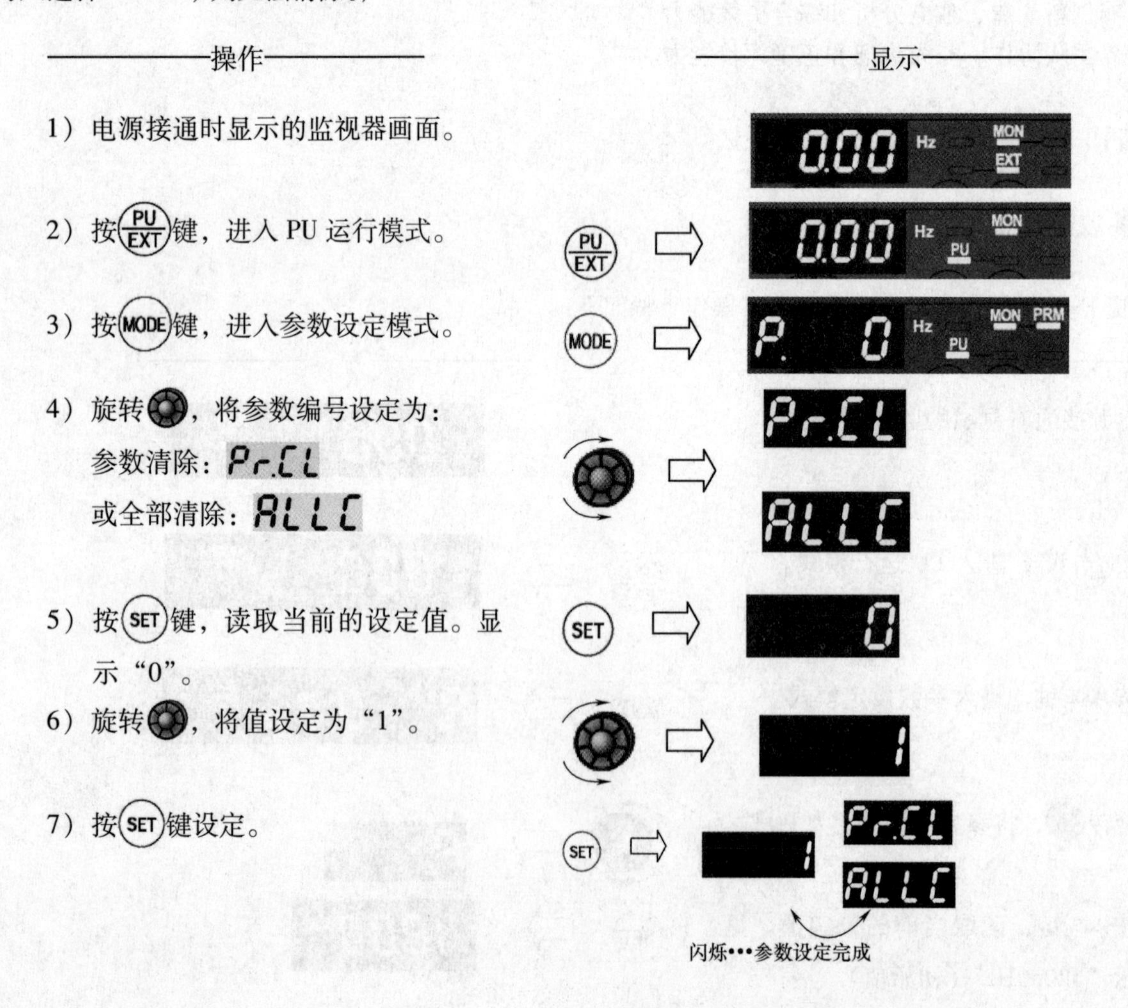

注：

设定值	内容
0	不执行清除
1	参数返回初始值［参数清除是将除了校正参数 C1（Pr. 901）~C7（Pr. 905）之外的参数全部恢复为初始值。］

3. 基本参数功能简述

基本参数的名称、设定范围等列于表 1-3-1。

表 1-3-1　　基本参数一览表

功能	参数号	名　称	设定范围	最小设定单位	出厂设定	备　注
基本功能	0	转矩提升	0~30%	0.1%	6/4/3% *1	
	1	上限频率	0~120Hz	0.01Hz	120Hz	
	2	下限频率	0~120Hz	0.01Hz	0Hz	
	3	基底频率	0~400Hz	0.01Hz	50Hz	按电机额定频率设定
	4	多段速度设定（高速）	0~400Hz	0.01Hz	60Hz	速度 1
	5	多段速度设定（中速）	0~400Hz	0.01Hz	30Hz	速度 2
	6	多段速度设定（低速）	0~400Hz	0.01Hz	10Hz	速度 3
	7	加速时间	0~3600s/360s *2	0.01s	10s	
	8	减速时间	0~3600s/360s *2	0.01s	10s	
	9	电子过电流保护	0~500A	0.01A	额定输出电流	通常设定为 50Hz 时的额定电流
	20	加减速基准频率	1~400Hz	0.01Hz	50Hz	
	40	RUN 键旋转方向选择	0、1	1	0	

（1）转矩提升（Pr 0）

此参数主要用于设定电动机启动时的转矩大小，通过设定此参数，补偿电动机绕组上的电压降，改善电动机低速时的转矩性能，假定基底频率电压为 100%，用百分数设定 0 时的电压值。设定过大，将导致电动机过热；设定过小，启动力矩不够，一般最大值设定为 10%。

如图 1-3-1 所示为 Pr 0 参数示意图。

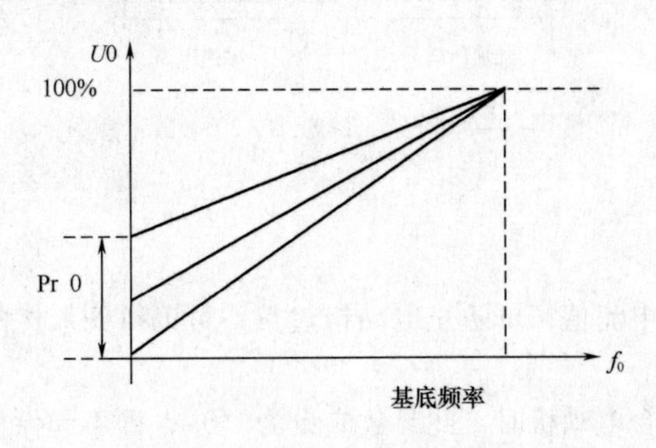

图 1-3-1　Pr 0 参数示意图

（2）上限频率（Pr 1）、下限频率（Pr 2）

上限频率和下限频率是指变频器输出的最高、最低频率，常用f_H和f_L来表示。根据拖动系统所带的负载不同，有时要对电动机的最高、最低转速给予限制，以保证拖动系统的安全运行和产品的质量。另外，对于由操作面板的误操作及外部指令信号的误动作引起的频率过高和过低，设置上限频率和下限频率可起到保护作用。常用的方法就是给变频器的上限频率和下限频率赋值。当变频器的给定频率高于上限频率f_H或者是低于下限频率f_L时，变频器的输出频率将被限制在上限频率或下限频率，如图 1－3－2 所示。

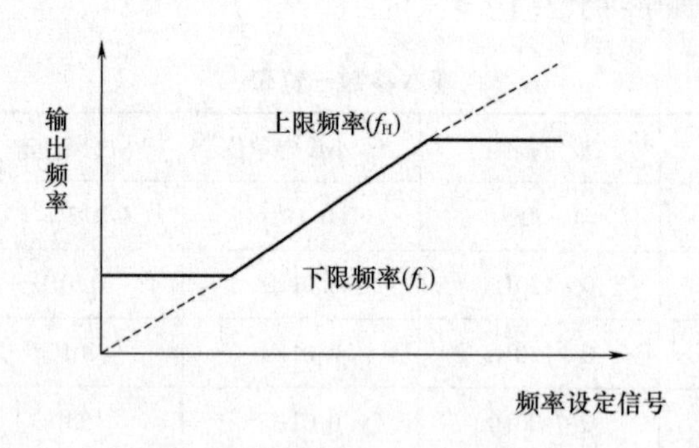

图 1－3－2　Pr 1、Pr 2 参数示意图

（3）基底频率（Pr 3）

此参数主要用于调整变频器输出到电动机的额定值，当用标准电动机时，通常设定为电动机的额定频率，当需要电动机运行在工频电源与变频器切换时，设定与电源频率相同。

（4）加、减速时间（Pr 7，Pr 8）及加减速基准频率（Pr 20）

Pr 7，Pr 8 用于设定电动机加速、减速时间，Pr 7 的值设得越大，加速时间越长；Pr 8 的值设得越大，减速时间越长。Pr 20 是加、减速基准频率，Pr 7 设的值就是从 0 加速到 Pr 20 所设定的频率上的时间，Pr 8所设定的值就是从 Pr 20 所设定的频率减速到 0 的时间，如图 1－3－3 所示。

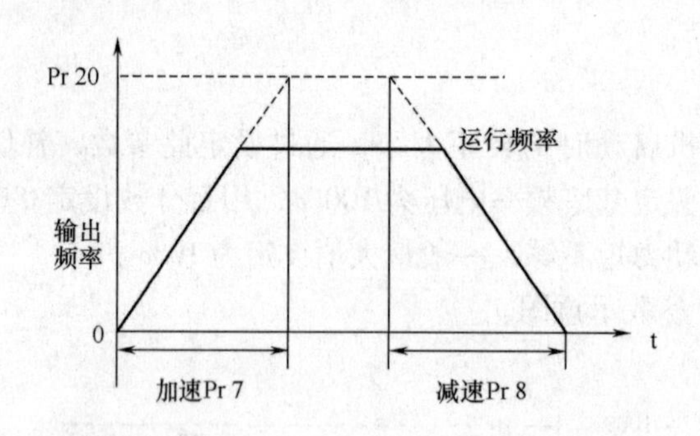

图 1－3－3　Pr 7、Pr 8、Pr 20 参数示意图

（5）电子过流保护（Pr 9）

通过设定电子过流保护的电流值，可防止电动机过热，可以得到最优的保护性能。设定过流保护注意以下事项：

①当变频器带动两台或三台电动机时，此参数应设为“0”，即不起保护作用，每台电动机外接热继电器来保护。

②特殊电动机不能用过流保护和外接热继电器保护。

③当控制一台电动机运行时，此参数的值应设为1～1.2倍的电动机额定电流。

（6）RUN键旋转方向的选择（Pr 40）

此参数主要用于改变变频器的输出相序，即改变电动机的旋转方向。当Pr 40设置为0时，按下RUN键，电动机正转启动，Pr 40设置为1时，按下RUN键，电动机反转启动。

更多资讯请参考：

◆《变频技术》（中国劳动和社会保障出版社）

◆《三菱变频器E700使用手册》

◆ 中国工控网 http：//www. gongkong. com/

【任务计划】

经小组讨论后，制定出以下任务实施方案：

1. 将所要试验的参数列于下表

序号	参数号	名　称	设定范围	出厂设定	试验设定值	备　注

2. 写出参数设置调试步骤

调试步骤	描述该步骤下会出现的现象	教师审核
(1)		
(2)		
(3)		
(4)		
(5)		
(6)		
(7)		
(8)		

提醒 计划内容若超出以上表格或画图区范围，可自行续表或扩大画图区。

【任务实施】

以下为参考步骤，各小班可参照实施，也可按本组计划方案合理执行。

1. 准备工具及材料

为完成工作任务，每个工作小组需要填表向工作岛内仓库工作人员借用工具及领取材料，如表1－3－2，表1－3－3所示。

表1－3－2 ________工作岛借用工具清单

名称	数量	规格	单位	借出时间	借用人签名	归还时间	归还人签名	管理员签名

表1－3－3 ________工作岛领取材料清单

名称	规格型号	单位	申领数量	实发数量	归还时间	归还人签名	管理员签名

2. 任务实施前的相关检查

检查项目	标准状态	当前状态	处理方法	教师审核
工作岛总电源	断开			
变频器主电路接线	良好			
各部件安装	牢固			
所需工具材料	齐全			

3. 根据任务要求进行调试

经老师审阅同意后，接通工作岛电源并进行调试操作，操作时严格遵守安全操作规则，结合任务要求和计划完成调试操作。

参见【任务准备】以及【任务计划】1~2 点内容。

【任务评价】

展示：各小组派代表展示任务实施效果，并分享任务实施经验。

（1）其他小组提出的改进建议

（2）学生自我评估与总结

（3）小组评估与总结

（4）教师评价（根据各小组学生完成任务的表现，给予综合评价，同时给出该工作任务的正确答案供学生参考）

（5）“6S”处理

所有测试完毕后，检测工作台设备各种功能是否正常，关闭技能岛总电源，拆线，清点工具及实习材料，维护保养仪器设备，确保其工作在最佳工作状态，并对工作岗位进行整理清扫，归还所借的工量具和实习工件。

（6）评价表

表1-3-4　　任务评价表

班级：＿＿＿＿ 小组：＿＿＿＿ 姓名：＿＿＿＿	任务名称：传送带基本运行控制 学习任务名称：应用变频器的基本参数控制传送带 指导教师：＿＿＿＿＿＿ 日期：＿＿＿＿＿＿						
评价项目	评价标准	评价依据	评价方式			权重	得分小计
			学生自评 20%	小组互评 30%	教师评价 50%		
职业素养	1. 遵守企业规章制度、劳动纪律 2. 按时按质完成工作任务 3. 积极主动承担工作任务，勤学好问 4. 人身安全与设备安全 5. 工作岗位6S完成情况	1. 出勤 2. 工作态度 3. 劳动纪律 4. 团队协作精神				0.3	
专业能力	1. 掌握变频器的参数设置方法 2. 理解变频器基本参数的意义 3. 掌握变频器在不同参数设置下电动机的运行调试	1. 操作的准确性和规范性 2. 工作页或项目技术总结完成情况 3. 专业技能任务完成情况				0.5	
创新能力	1. 在任务完成过程中能提出自己的有一定见解的方案 2. 在教学或生产管理上提出建议，具有创新性	1. 方案的可行性及意义 2. 建议的可行性				0.2	
合计							

【技能拓展】

在工厂流水生产线传送带作业中，有时为了方便调试或特殊定位输送货品，往往需要变频器控制传送带电机做外部点动运行操作。如何使变频器处于外部点动操作状态呢？要设哪些参数？如何设置？请查阅资料解决这些问题。

更多资讯请参考：

◆《变频技术》（中国劳动和社会保障出版社）

◆《三菱变频器 E700 使用手册》

◆ 中国工控网 http：//www. gongkong. com/

学习任务四　应用变频器多段速度控制传送带

【任务描述】

三菱变频器的多段速运行共有 15 种运行速度，通过多段速参数设定、外部接线端子的控制，传送带可以运行在不同的速度上，比如三段速、七段速、十五段速。在药粒自动瓶装系统中，为了适应对不同的药品的输送，要求传送带能在以下三种或七种速度下运行，如图 1－4－1 所示。

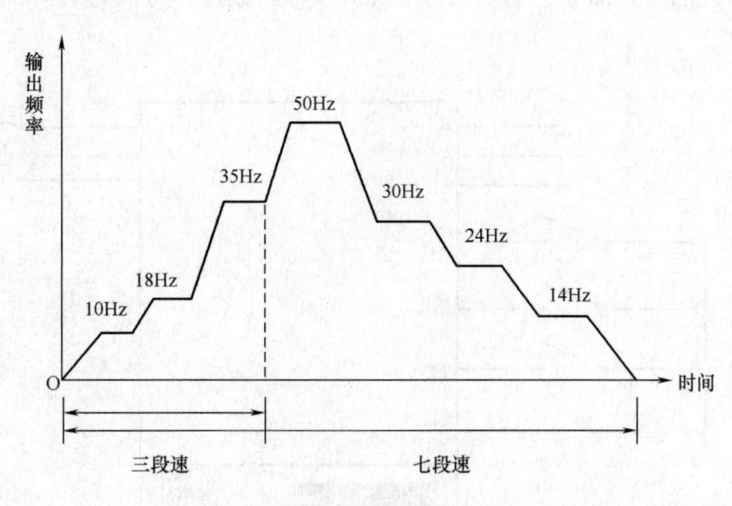

图 1－4－1　七段速度曲线

【任务要求】

1. 根据任务要求完成多段速的相关接线。
2. 正确设定变频器多段速及相关参数。
3. 输送带上分别实现三段速、七段速的控制。
4. 以小组为单位，在小组内通过分析、对比、讨论、决策出最优的实施步骤方案，由小组长进行任务分工，完成变频器对传送带的多段速运行控制。

【能力目标】

1. 能理解和掌握变频器三段速、七段速的参数设置。
2. 会变频器多段速的接线。
3. 会变频器三段、七段速控制调试操作。
4. 培养创新改造、独立分析和综合决策能力。
5. 培养团队协作、与人沟通和正确评价能力。

【任务准备】

1. 三段速的设定

三段速参数设定如表 1－4－1 所示。

表 1－4－1　　三段速度参数设定

参数号	名称	初始值	控制端子
Pr. 4	多段速设定（高速）	50Hz	RH
Pr. 5	多段速设定（中速）	30Hz	RM
Pr. 6	多段速设定（低速）	10Hz	RL

(1) 操作方式一

通过开关发出三段速的选择命令，启动与停止采用 PU 面板操作方式进行。三段速操作方式一接线图，如图 1－4－2 所示。

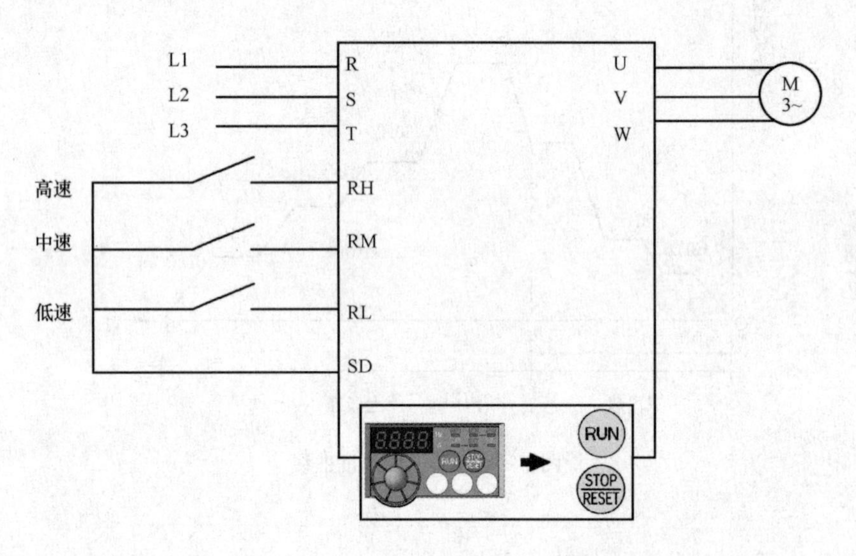

图 1－4－2　三段速操作方式一接线图

操作　　　　显示

1）将 Pr. 79 变更为“4”。

2）按下 RUN 键，在没有频率指令的情况下，运行频率为“0”。
通过 Pr. 40 的设定，可以选择旋转方向。

3）将低速信号（RL）设置为 ON，输出频率随 Pr. 7 加速时间上升慢慢为 Pr. 6 所设置的频率值（初始值为 10Hz）。
- RL 设置 ON 时显示 50Hz。
- RM 设置 ON 时显示 30Hz。

4）将低速信号（RL）设置为 OFF，输出频率随 Pr. 8 减速时间下降慢慢变为 0Hz。

5）按下STOP RESET键，RUN 灯灭。

6）以此类推，分别接通 RM、RH，将会得到对应的速度（频率值）。

（2）操作方式二

通过开关发出三段速的选择命令，启动与停止采用外部操作方式进行。三段速度操作方式二接线图，如图 1－4－3 所示。

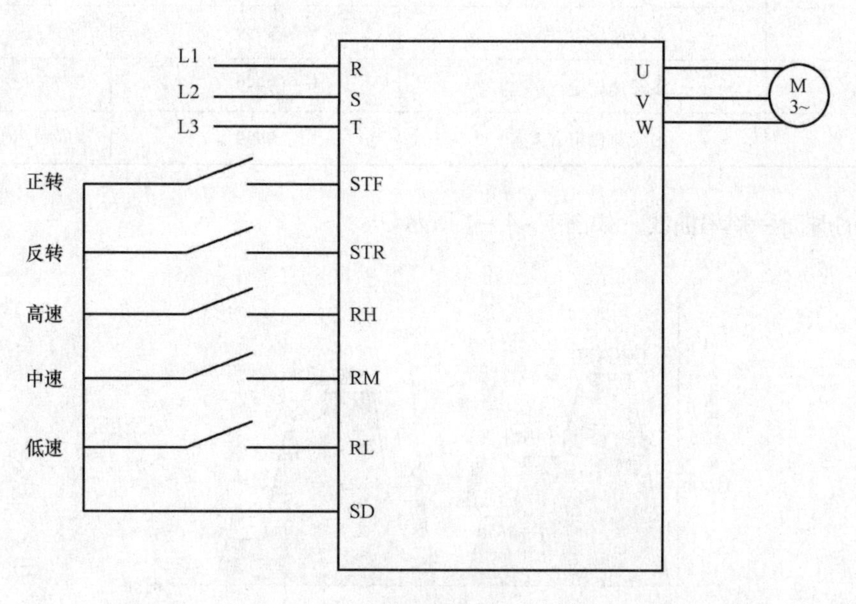

图 1－4－3　三段速操作方式二接线图

操作　　　　　　　　显示

1）将变频器设置在外部操作模式下。

2）将高速开关（RH）设置为 ON。

3）将启动开关（STF 或 STR）设置为 ON，这时候显示为 50Hz。

- RM 设置 ON 时显示 30Hz。
- RL 设置 ON 时显示 10Hz。

4）将启动开关（STF 或 STR）设置为 OFF，电动机停止。

2. 七段速的设定

七段速参数设定，如表 1－4－2 所示。

表 1-4-2 七段速度参数设定

参数号	名称	初始值	控制端子
Pr. 4	多段速设定（高速）	50Hz	RH
Pr. 5	多段速设定（中速）	30Hz	RM
Pr. 6	多段速设定（低速）	10Hz	RL
Pr. 24	多段速设定（4 速）	9999	RL、RM
Pr. 25	多段速设定（5 速）	9999	RL、RH
Pr. 26	多段速设定（6 速）	9999	RM、RH
Pr. 27	多段速设定（7 速）	9999	RL、RM、RH

七段速对应的时间 - 频率曲线，如图 1-4-4 所示。

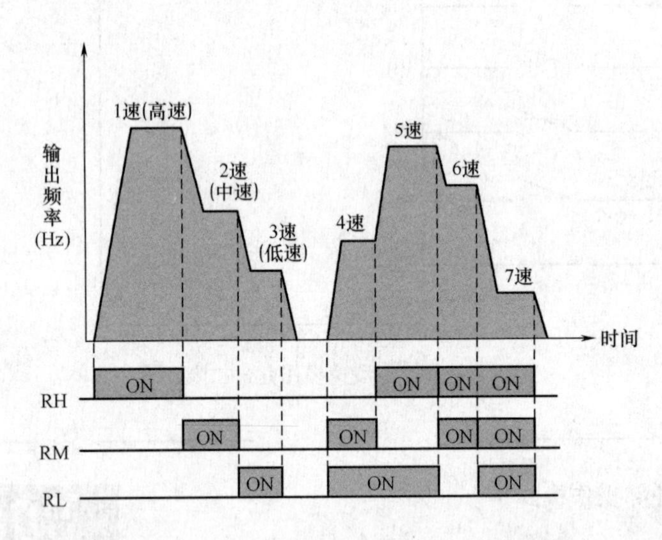

图 1-4-4 七段速所对应的时间 - 频率曲线

注：“操作与显示”与三段速类似，在此不做描述说明。

【任务计划】

经小组讨论后，制定出以下任务实施方案：

1. 三段速的参数设置与接线（PU 模式）

通过开关发出三段速的选择命令，启动与停止采用 PU 面板操作方式进行。

1）为完成药粒自动瓶装系统传送带的三段速度应用调试，需要同学们将所需的参数设置列于下表。

参数号	名称	初始值	控制端子

2）为完成药粒自动瓶装系统传送带的三段速度应用调试，需要同学们画出接线原理图。

2. 七段速的参数设置与接线

通过开关发出七段速度的选择命令，启动与停止采用外部操作方式进行。

1）为完成药粒自动瓶装系统传送带的七段速度应用调试，需要同学们将所需的参数设置列于下表。

参数号	名称	初始值	控制端子

2）为完成药粒自动瓶装系统传送带的七段速度应用调试，需要同学们画出接线原理图。

3. 写出三、七段速调试运行步骤

调试步骤	描述该步骤现象	教师审核
(1)		
(2)		
(3)		
(4)		
(5)		
(6)		
(7)		
(8)		

提醒　计划内容若超出以上表格或画图区范围，可自行续表或扩大画图区。

【任务实施】

以下为参考步骤，各小班可参照实施，也可按本组计划方案合理执行。

1. 准备工具及材料

为完成工作任务，每个工作小组需要填表向工作岛内仓库工作人员借用工具及领取材料，如表 1-4-3，表 1-4-4 所示。

表 1-4-3　　________工作岛借用工具清单

名称	数量	规格	单位	借出时间	借用人签名	归还时间	归还人签名	管理员签名

表 1-4-4　　________工作岛领取材料清单

名称	规格型号	单位	申领数量	实发数量	归还时间	归还人签名	管理员签名

2. 任务实施前的相关检查

检查项目	标准状态	当前状态	处理方法	教师审核
工作岛总电源	断开			
变频器主电路接线	良好			
各部件安装	牢固			
所需工具材料	齐全			

3. 根据任务控制要求进行调试

经老师审阅同意后，接通工作岛电源，并进行调试操作，操作时严格遵守安全操作规则，结合任务要求和计划完成调试操作。

调试内容：参见【任务准备】以及【任务计划】1～3点内容。

【任务评价】

（1）各小组派代表展示任务计划（利用投影仪），并分享任务实施经验。

（2）各小组派人展示变频器控制传送带实现三、七段速的运行操作，接受全体同学的检阅。

（3）其他小组提出的改进建议

（4）学生自我评估与总结

（5）小组评估与总结

（6）教师评价（根据各小组学生完成任务的表现，给予综合评价，同时给出该工作任务的正确答案供学生参考）

（7）“6S”处理

所有测试完毕后，检测工作台设备各种功能是否正常，关闭技能岛总电源，拆线，清点工具及实习材料，维护保养仪器设备，确保其工作在最佳工作状态，并对工作岗位进行整理清扫，归还所借的工量具和实习工件。

（8）评价表

表 1－4－5　　任务评价表

班级：________ 小组：________ 姓名：________	任务名称：传送带基本运行控制 学习任务名称：应用变频器多段速度控制传送带 指导教师：____________ 日期：____________						
评价项目	评价标准	评价依据	评价方式			权重	得分小计
			学生自评 20%	小组互评 30%	教师评价 50%		
职业素养	1. 遵守企业规章制度、劳动纪律 2. 按时按质完成工作任务 3. 积极主动承担工作任务，勤学好问 4. 人身安全与设备安全 5. 工作岗位 6S 完成情况	1. 出勤 2. 工作态度 3. 劳动纪律 4. 团队协作精神				0.3	
专业能力	1. 根据任务要求完成多段速的相关接线 2. 正确设定变频器多段速及相关参数 3. 传送带上分别实现三段速、七段速的控制	1. 操作的准确性和规范性 2. 工作页或项目技术总结完成情况 3. 专业技能任务完成情况				0.5	
创新能力	1. 在任务完成过程中能提出自己的有一定见解的方案 2. 在教学或生产管理上提出建议，具有创新性	1. 方案的可行性及意义 2. 建议的可行性				0.2	
合计							

【技能拓展】

变频器通过设置参数，实现了三段速、七段速的运行操作，扩大了它的应用范围。但在实际应用中，有些场合仍需要更多段速来满足生产需要，变频器除了能实现三段速、七段速外，最多还能设置十五段速（图1-4-5），请同学们查阅资料解决这个问题。

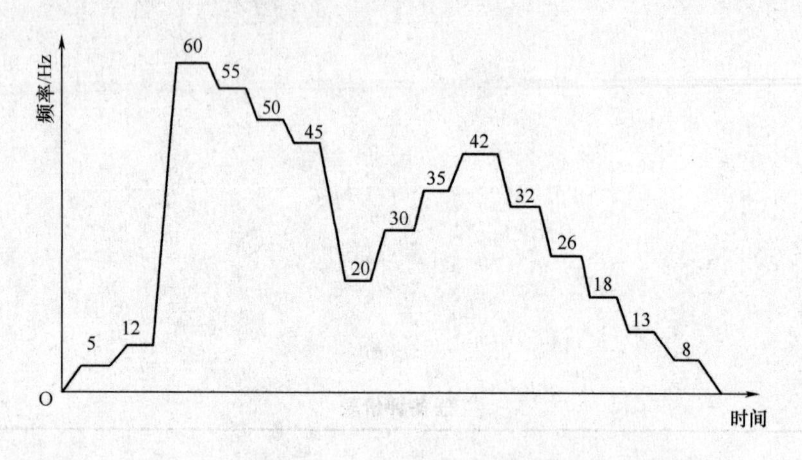

图1-4-5 十五段速示意图

更多资讯请参考：

◆《变频技术》（中国劳动和社会保障出版社）

◆《三菱变频器 E700 使用手册》

◆ 中国工控网 http：//www. gongkong. com/

任务二　传送带拓展功能运行控制

工作情景：

客户（甲方）：

我厂自动往返作业小车驱动电机为交流电机，驱动器为三菱 E700 变频器。现在发现两个故障，严重影响生产，第一，驱动电机运行在 45～50Hz 时与小车导轨发生共振；第二，小车到达工作位置时因不能制动而偏离工作位。希望贵公司马上派人帮我们解决。

企业市场维护部（乙方）：

根据客户反映的情况，我部门工程技术人员初步判断为频率跳变及直流制动参数出现问题，现派我部维修人员 3 名迅速到该客户现场排除故障，使该生产线迅速恢复正常生产。

学习任务一　变频器的频率跳变运行与制动控制

【任务描述】

变频器除了基本功能调速外，还有一些特殊功能的设定，如：跳变频率的设定、瞬时掉电再启动、直流制动功能的设定等。

变频器通过设置跳变频率的设定和直流制动功能后，使得传送带在运行时能避开两个频率段：20~25 Hz、40~45 Hz。并且在变频器处于频率段20~25 Hz时，固定在25 Hz运行；在变频器处于频率段40~45 Hz时，固定在40 Hz运行（图2-1-1）；传送带运行停止后，当频率下降到5 Hz时，在直流制动下，使传送带立即停止运行。

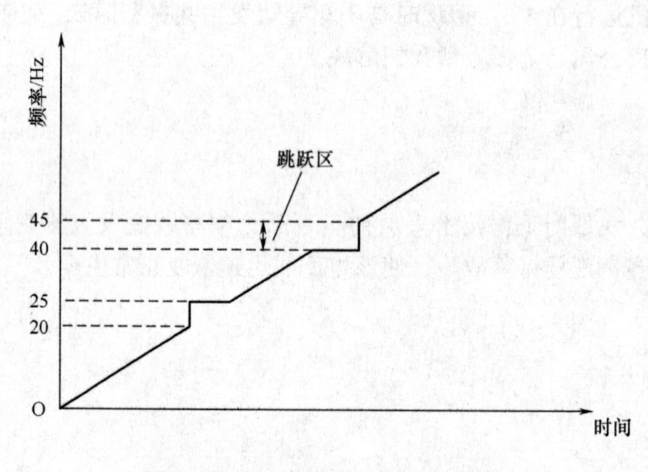

图2-1-1　传送带频率跳变示意图

【任务要求】

1. 根据任务要求完成系统接线。
2. 根据任务描述，设置变频器参数。
3. 在PU、外部、组合等操作模式之间选择一种来对频率跳变、直流制动功能进行调试。
4. 以小组为单位，在小组内通过分析、对比、讨论决策出最优的实施步骤方案，由小组长进行任务分工，完成传送带频率跳变、直流制动的运行调试。

【能力目标】

1. 能理解频率跳变、直流制动的参数意义，并掌握其运用设定。
2. 能完成传送带频率跳变、直流制动的运行调试。
3. 培养创新改造、独立分析和综合决策能力。
4. 培养团队协作、与人沟通和正确评价能力。

【任务准备】

1. 频率跳变

实际应用中，有时为了避开机械系统的固有频率，防止发生机械系统的共振，对变频器的运行频率在某些范围内限制运行，即跳过去，这就是频率跳变。频率跳变参数意义如表 2-1-1 所示。

表 2-1-1　　频率跳变参数意义表

参数号	名称	初始值	设定范围
Pr. 31	频率跳变 1A	9999	0～400 Hz、9999
Pr. 32	频率跳变 1B	9999	0～400 Hz、9999
Pr. 33	频率跳变 2A	9999	0～400 Hz、9999
Pr. 34	频率跳变 2B	9999	0～400 Hz、9999
Pr. 35	频率跳变 3A	9999	0～400 Hz、9999
Pr. 36	频率跳变 3B	9999	0～400 Hz、9999

三菱系列的变频器最多可以设定 3 个跳跃区。例如，①跳过 10～15 Hz，且在此频率之间固定在 10 Hz，可将 Pr. 32 设定为 15 Hz，Pr. 31 设定为 10 Hz。②跳过 22～30 Hz，且在此频率之间固定在 30 Hz，可将 Pr. 34 设定为 22 Hz，Pr. 33 设定为 30 Hz。③跳过 43～50 Hz，且在此频率之间固定在 43 Hz，可将 Pr. 36 设定为 50 Hz，Pr. 35 设定为 43 Hz。如图 2-1-2 所示。

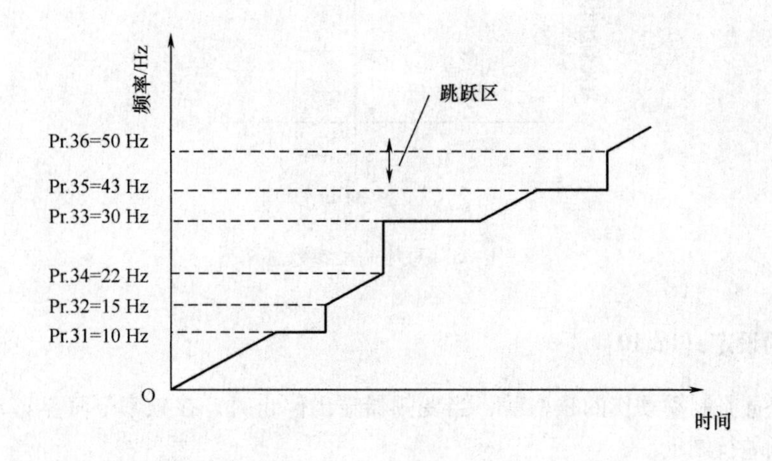

图 2-1-2　频率跳变示意图

注：加减速时会通过整个设定范围内的运行频率区域。

2. 直流制动

直流制动，一般指当变频器输出频率接近为零，电机转速降低到一定数值时，变频器改向异步电动机定子绕组中通入直流，形成静止磁场，此时电动机处于能耗制动状态，转动的转子切割该静止磁场而产生制动转矩，使电动机迅速停止。

当异步电动机的定子绕组中通入直流电流时，所产生的磁场将是空间位置不变的恒定磁场，而转子因惯性而继续以其原来的速度旋转，此时，转动的转子切割这个静止磁场而产生制动转矩，系统存储的动能转换成电能消耗于电动机的转子回路，进而达到电动机快速制动的效果。这种制动的实质，就是电机学中所说的能耗制动。直流制动参数意义如表2-1-2，图2-1-3所示。

表2-1-2　　直流制动参数意义表

参数号	名称	初始值	设定范围	内容
Pr. 10	直流制动动作频率	3 Hz	0~120 Hz	直流制动的动作频率
Pr. 11	直流制动动作时间	0.5 s	0	无直流制动
			0.1~10 s	直流制动的动作时间
Pr. 12	直流制动动作电压百分比	4%	0~30%	直流制动电压（转矩） 设定为“0”时，无直流制动

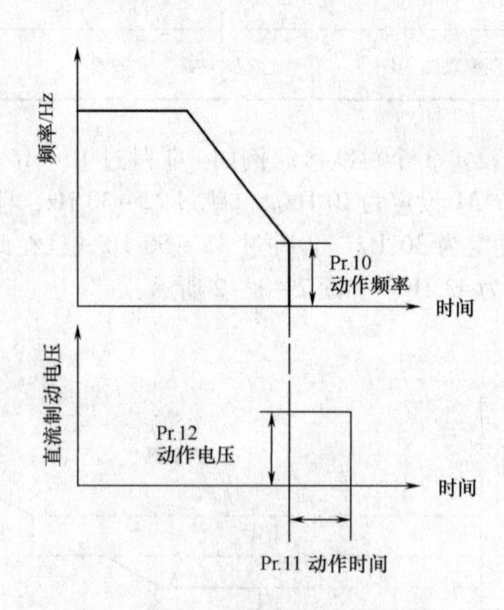

图2-1-3　直流制动参数意义图

（1）动作频率的设定（Pr. 10）

通过Pr. 10设定直流制动动作的频率后，当变频器输出停止时，在频率下降至该动作频率后，变频器向电机施加直流电压进行制动。

（2）动作时间的设定（Pr. 11）

施加直流制动的时间通过Pr. 11设定。

①电机负载转动惯量（J）较大、电机不停止时，可以增大设定值以达到制动效果。

②若设置Pr. 11 =“0s”，将不会启动直流制动动作（停止时，电机转速在自然状态下下降至停止）。

（3）动作电压（转矩）的设定（Pr. 12）

Pr. 12设定的是相对于电源电压的百分比。若设置Pr. 12 =“0%”，将不会启动直流制动动作。（停止时，电机转速在自然状态下下降至停止）。

【任务计划】

经小组讨论后，制定出以下任务实施方案：

1. 列出所要设置的参数

参数号	名称	初始值	设定值	内容

2. 画出接线示意图

3. 根据任务要求，写出调试步骤

调试步骤	描述该步骤下将会出现的现象	教师审核
(1)		
(2)		
(3)		
(4)		
(5)		
(6)		
(7)		
(8)		

提醒 计划内容若超出以上表格或画图区范围，可自行续表或扩大画图区。

【任务实施】

以下为参考步骤，各小班可参照实施，也可按本组计划方案合理执行。

1. 准备工具及材料

为完成工作任务，每个工作小组需要填表向工作岛内仓库工作人员借用工具及领取材料，如表2-1-3，表2-1-4所示。

表2-1-3　　______工作岛借用工具清单

名称	数量	规格	单位	借出时间	借用人签名	归还时间	归还人签名	管理员签名

表2-1-4　　______工作岛领取材料清单

名称	规格型号	单位	申领数量	实发数量	归还时间	归还人签名	管理员签名

2. 任务实施前的相关检查

检查项目	标准状态	当前状态	处理方法	教师审核
工作岛总电源	断开			
变频器主电路接线	良好			
各部件安装	牢固			
所需工具材料	齐全			

3. 根据任务控制要求进行调试

经老师审阅同意后，接通工作岛电源，并进行调试操作，操作时严格遵守安全操作规则，结合任务要求和计划完成调试操作。

调试内容：参见【任务准备】以及【任务计划】1 ~3 点内容。

【任务评价】

（1）各小组派代表展示任务计划（利用投影仪），并分享任务实施经验。

（2）各小组派人展示变频器控制传送带实现频率跳变及直流制动的运行操作，接受全体同学的检阅。

（3）其他小组提出的改进建议

（4）学生自我评估与总结

（5）小组评估与总结

（6）教师评价（根据各小组学生完成任务的表现，给予综合评价，同时给出该工作任务的正确答案供学生参考）

（7）“6S”处理

所有测试完毕后，检测工作台设备各种功能是否正常，关闭技能岛总电源，拆线，清点工具及实习材料，维护保养仪器设备，确保其工作在最佳工作状态，并对工作岗位进行整理清扫，归还所借的工量具和实习工件。

（8）评价表

表 2-1-5　　任务评价表

班级：________ 小组：________ 姓名：________	任务名称：传送带拓展功能运行控制 学习任务名称：变频器的频率跳变运行与制动控制 指导教师：________ 日期：________

评价项目	评价标准	评价依据	评价方式			权重	得分小计
			学生自评 20%	小组互评 30%	教师评价 50%		
职业素养	1. 遵守企业规章制度、劳动纪律 2. 按时按质完成工作任务 3. 积极主动承担工作任务，勤学好问 4. 人身安全与设备安全 5. 工作岗位 6S 完成情况	1. 出勤 2. 工作态度 3. 劳动纪律 4. 团队协作精神				0.3	
专业能力	1. 根据任务要求完成系统接线 2. 理解频率跳变、直流制动的参数意义 3. 能根据任务描述，设置变频器参数并调试	1. 操作的准确性和规范性 2. 工作页或项目技术总结完成情况 3. 专业技能任务完成情况				0.5	
创新能力	1. 在任务完成过程中能提出自己的有一定见解的方案 2. 在教学或生产管理上提出建议，具有创新性	1. 方案的可行性及意义 2. 建议的可行性				0.2	
合计							

学习任务二　在传送带上实现 PID 控制调试

【任务描述】

PID 就是比例、微分、积分控制。PID 调节是过程控制中应用得十分普遍的一种控制方式，它是使控制系统的被控物理量能够迅速而准确地无限接近于控制目标的基本手段。正由于 PID 功能用途广泛、使用灵活，使得现在变频器大都集成了 PID，简称“内置 PID”。目前变频器实现 PID 控制的方式有两种：一是变频器内置的 PID 控制功能，二是用外部 PID 调节器实现。总之，变频器的 PID 控制与传感器元件构成一个闭环控制系统，实现对被控制量的自动调节，在温度、压力等参数要求恒定的场合应用十分广泛，是变频器在节能方面常用的一种方法。

【任务要求】

1. 根据 PID 控制要求，在传送带模块上完成变频器主电路、控制电路的接线。
2. 正确设置 PID 控制相关参数。
3. 以小组为单位，在小组内通过分析、对比、讨论决策出最优的实施步骤方案，由小组长进行任务分工，在传送带模块上完成变频器 PID 控制功能的运行调试。

【能力目标】

1. 能理解变频器 PID 控制原理。
2. 会变频器 PID 控制的外部连接。
3. 能理解 PID 参数含义，掌握 PID 参数设置方法。
4. 能根据控制要求，完成 PID 控制功能的运行调试。
5. 培养创新改造、独立分析和综合决策能力。
6. 培养团队协作、与人沟通和正确评价能力。

【任务准备】

1. PID 主电路和控制电路的连接

PID 运行接线图如图 2－2－1 所示。

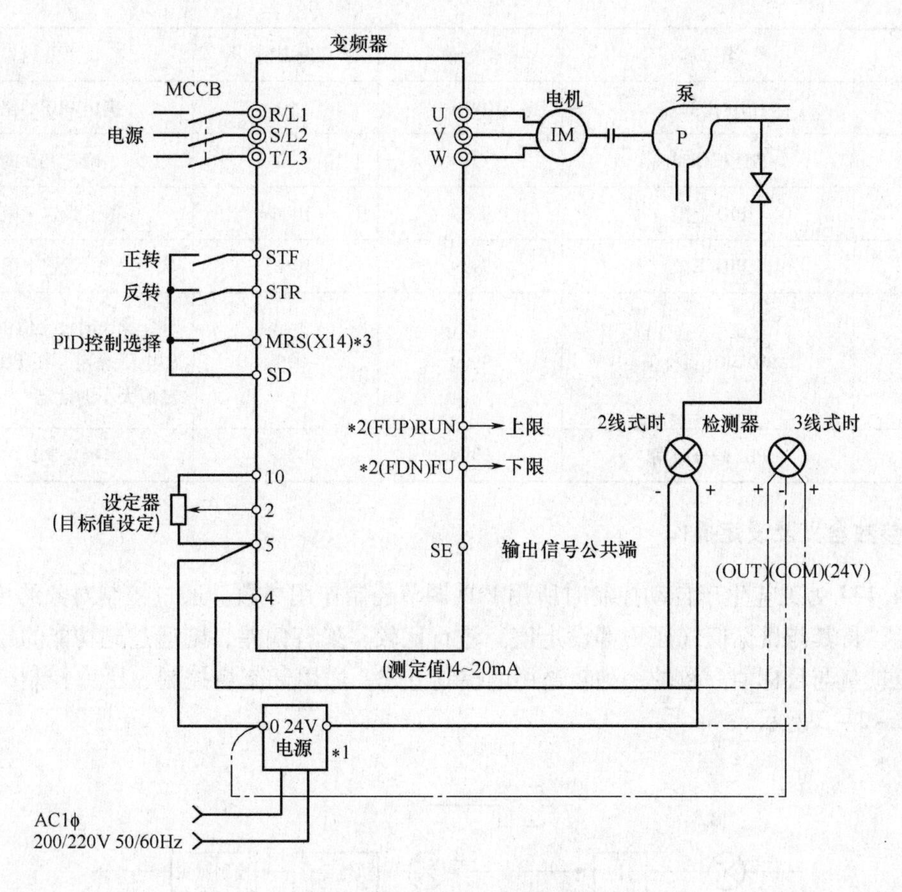

图 2-2-1　PID 运行接线图

2. 运行参数设定

（1）定义端子功能参数设定

定义端子功能参数如表 2-2-1。

表 2-2-1　定义端子功能参数

参数号	名称	初始值	设定值	内容
Pr. 183	MRS 端子功能选择	24	14	将 MRS 端子设定为 X14 的功能
Pr. 190	RUN 端子功能选择	0	15	高于 PID 控制的上限时输出
Pr. 191	FU 端子功能选择	4	14	低于 PID 控制的下限时输出

（2）PID 运行参数设定

设定运行参数如表 2-2-2。

表 2-2-2　运行参数设定

参数号	名　称	初始值	设定值	内　容
Pr. 128	PID 动作选择	0	20	检测值从端子 4 输入，为 PID 负作用

续表

参数号	名　称	初始值	设定值	内　容
Pr. 129	PID 比例带	100%	30	确定 PID 的比例调节范围
Pr. 130	PID 积分时间	1s	10	确定 PID 的积分时间
Pr. 131	PID 上限	9999	100%	设定上限调节值
Pr. 132	PID 下限	9999	0%	设定下限调节值
Pr. 133	PID 动作目标值	9999	50%	外部操作时设定值由端子 2 ~5 端子间的电压确定，在 PU 或组合操作时控制值大小的设定
Pr. 134	PID 微分时间	9999	3s	确定 PID 的微分时间

(3) 相关参数含义及设定操作

Pr. 128 ~ Pr. 134 为工艺生产自动控制时所用 PID 调节控制作用参数。通过控制对象的传感器等检测控制量（反馈量），将其与目标值（压力等设定值）进行比较，如有偏差，则通过此功能的控制动作使偏差为 0。它是使反馈量与目标值一致的一种较通用的控制方式，适用于流量控制、压力控制、温度控制等过程控制，如图2 -2 -2 所示。

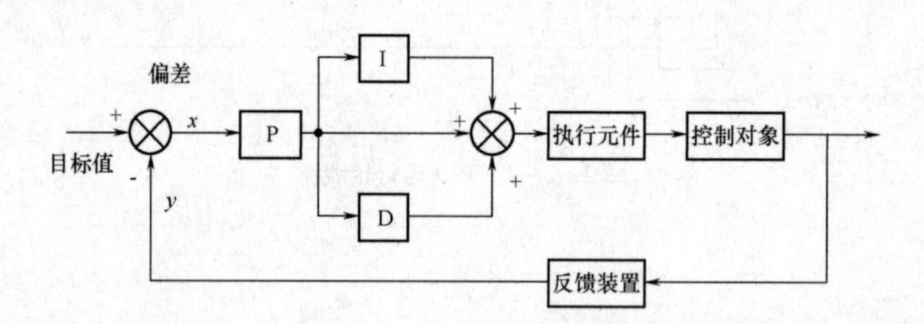

图 2 -2 -2　自动调节控制图

1）PID 动作选择 Pr. 128。此参数为设定 PID 正负作用动作的选择，其设定功能和意义如表 2 -2 -3 所示。PID 控制正负作用如图 2 -2 -3 所示。

表 2 -2 -3　　Pr. 128 参数意义

<table>
<tr><td>Pr. 128 设定值</td><td colspan="4">PID 动作功能及操作意义</td></tr>
<tr><td>0（初始值）</td><td colspan="4">PID 不动作</td></tr>
<tr><td>20</td><td>PID 负作用</td><td colspan="3" rowspan="2">测量值输入（端子 4）
目标值输入（端子 2，Pr. 133）</td></tr>
<tr><td>21</td><td>PID 正作用</td></tr>
<tr><td>40</td><td>PID 负作用</td><td rowspan="2">计算方法：固定</td><td colspan="2" rowspan="4">储线器控制用
目标值（Pr. 133）、测定值（端子 4）、主速度（运行模式的频率指令）</td></tr>
<tr><td>41</td><td>PID 正作用</td></tr>
<tr><td>42</td><td>PID 负作用</td><td rowspan="2">计算方法：比例</td></tr>
<tr><td>43</td><td>PID 正作用</td></tr>
<tr><td>50</td><td>PID 负作用</td><td colspan="3" rowspan="2">偏差值信号输入（LONWORKS 通信，CC - LINK 通信）</td></tr>
<tr><td>51</td><td>PID 正作用</td></tr>
<tr><td>60</td><td>PID 负作用</td><td colspan="3" rowspan="2">测定值、目标值输入（LONWORKS 通信，CC - LINK 通信）</td></tr>
<tr><td>61</td><td>PID 正作用</td></tr>
</table>

①负作用。当偏差 $X=$（目标值 - 测量值）为正时，增加操作量（输出频率），如果偏差为负，则减小操作量。

②正作用。当偏差 $X=$（目标值 - 测量值）为负时，增加操作量（输出频率），如果偏差为正，则减小操作量。

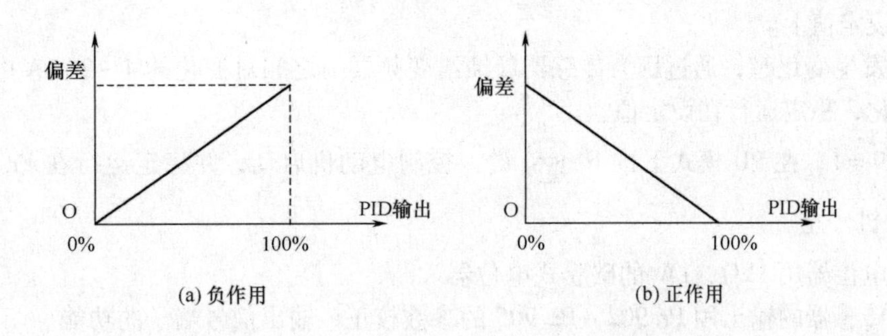

图 2-2-3　PID 控制正负作用示意图

2）PID 控制（P：比例带）Pr. 129。此参数为 PID 增益控制设定，设定范围：0.1% ~1000%，设定为 9999 时无比例控制。当操作量（输出频率）和偏差之间成比例关系的动作，称为 P 动作，因此，P 动作即是输出和偏差成比例的操作量，但是只是 P 动作不能使偏差为 0。P（增益）是决定 P 动作对偏差响应程度的参数，增益取大时，响应快，但过大将产生振荡；增益取小时，响应滞后。

3）PID 控制（I：积分时间）Pr. 130。此参数为 PID 积分时间控制设定，设定范围：0.1 ~3600s，设定为 9999 时无积分控制。当操作量（输出频率）的变化速度和偏差成比例关系动作时称为 I 动作。因此，I 动作即是输出按偏差积分的操作量，能达到使控制量（反馈量）和目标值（设定频率）一致的效果。但是对变化急剧的偏差，响应就差。用积分时间参数 I 决定 I 动作效果的大小，积分时间大时，响应迟缓，对外部扰动的控制能力变差；积分时间小时，响应速度快，但过小时，将发生振荡。

4）PID 控制（D：微分时间）Pr. 134。此参数为 PID 微分时间控制设定，设定范围：0.01 ~10.00s，设定为 9999 时无微分控制。当操作量（输出频率）和偏差的微分值成比例的动作称为 D 动作。因此，D 动作即是输出按偏差微分的操作量，对急剧变化的响应很快。用微分时间参数 D 决定动作效果的大小，微分时间大时，能使发生偏差时 P 动作引起的振荡很快衰减，但过大时，反而引起振荡；微分时间小时，发生偏差时的衰减作用小。

5）PID 上限（Pr. 131）。此参数为 PID 控制上限值的设定，即测定反馈量的最大输入值，是自动控制中不可缺少的保护检测值。当检测到上限值时输出为低电平，未达到时为高电平。设定范围：0 ~100%，当设定 9999 时为无功能。

6）PID 下限（Pr. 132）。此参数为 PID 控制下限值的设定，即测定反馈量的最小输入值，是自动控制中不可缺少的保护检测值。当检测到下限值时输出为低电平，未达到时为高电平。设定范围：0 ~100%，当设定 9999 时为无功能。

7）MRS 端子功能选择 Pr. 183。此参数为 MRS 端子功能的选择，将设定值设置为 14，就是 PID 控制有效端子功能。即当 MRS 接通时，变频器的 PID 控制功能有效，否则无效。有时 MRS 也常作为第二功能的选择。

8）RUN 端子功能选择 Pr. 190。此参数为 RUN 端子功能的选择，将设定值设置为 15，就是 PID 上限输出功能。即当输出值高于 PID 控制的上限时，通过 RUN 端子输出。

9）FU 端子功能选择。此参数为 FU 端子功能的选择，将设定值设置为 14，就是 PID 下限输出功能。即当输出值低于 PID 控制的下限时，通过 FU 端子输出。

试一试

按图 2－2－1 接线，按表 2－2－1，表 2－2－2 设置参数，设 Pr. 79＝2。

（1）同时接通 SD 与 MRS，SD 与 STF，电动机开始正转并根据 2～5 端子间的电压，即给定值与反馈值之差——偏差大小进行 PID 自动调速控制，直到稳定在给定值。电动机转速随工艺生产的不同而变化，始终稳定运行在设定值上。

（2）当水压发生变化时，通过压力传感器反馈给变频器与之相对变化的 4～20mA 电流信号，电动机转速也会随之变化，稳定运行在设定值上。

（3）设 Pr. 79＝1，在 PU 模式下按下 RUN 键，控制电动机启动，并稳定运行在 Pr. 133 的设定值上。按下 STOP/RESET 键，电机停止。

注意：（1）电位器用 1kΩ，1W 的碳膜式电位器。

（2）传感器的输出用 Pr. 902～Pr. 905 的参数校正，输出信号端子的功能。

更多资讯请参考：

◆《变频技术》（中国劳动和社会保障出版社）

◆《三菱变频器 E700 使用手册》

◆ 中国工控网 http：//www. gongkong. com/

【任务计划】

经小组讨论后，制定出以下任务实施方案：

1. 根据任务要求，画出接线原理图

2. 将所需设置的参数列于下表

参数号	名　称	初始值	设定值	内　容

3. 写出变频器 PID 控制的调试步骤

调试步骤	描述该步骤下会出现的现象	教师审核
(1)		
(2)		
(3)		
(4)		
(5)		
(6)		
(7)		
(8)		

提醒　计划内容若超出以上表格或画图区范围，可自行续表或扩大画图区。

【任务实施】

以下为参考步骤，各小班可参照实施，也可按本组计划方案合理执行。

1. 准备工具及材料

为完成工作任务，每个工作小组需要填表向工作岛内仓库工作人员借用工具及领取材料，如表2-2-4，表2-2-5所示。

表2-2-4　　　　________工作岛借用工具清单

名称	数量	规格	单位	借出时间	借用人签名	归还时间	归还人签名	管理员签名

表2-2-5　　　　________工作岛领取材料清单

名称	规格型号	单位	申领数量	实发数量	归还时间	归还人签名	管理员签名

2. 任务实施前的相关检查

检查项目	标准状态	当前状态	处理方法	教师审核
工作岛总电源	断开			
变频器主电路接线	良好			
各部件安装	牢固			
所需工具材料	齐全			

3. 根据任务控制要求进行调试

经老师审阅同意后，接通工作岛电源，并进行调试操作，操作时严格遵守安全操作规则，结合任务要求和计划完成调试操作。

参见【任务准备】以及【任务计划】1～3 点内容。

【任务评价】

（1）各小组派代表展示接线图、参数表及任务实施步骤（利用投影仪），并分享任务实施经验。

（2）各小组派人展示变频器在 PID 控制的运行操作，接受全体同学的检阅。

（3）其他小组提出的改进建议

（4）学生自我评估与总结

（5）小组评估与总结

（6）教师评价（根据各小组学生完成任务的表现，给予综合评价，同时给出该工作任务的正确答案供学生参考）

（7）“6S”处理

所有测试完毕后，检测工作台设备各种功能是否正常，关闭技能岛总电源，拆线，清点工具及实习材料，维护保养仪器设备，确保其工作在最佳工作状态，并对工作岗位进行整理清扫，归还所借的工量具和实习工件。

（8）评价表

表 2-2-6　　任务评价表

班级：______ 小组：______ 姓名：______	任务名称：传送带拓展功能运行控制 学习任务名称：在传送带上实现 PID 控制调试 指导教师：______ 日期：______

评价项目	评价标准	评价依据	评价方式			权重	得分小计
			学生自评 20%	小组互评 30%	教师评价 50%		
职业素养	1. 遵守企业规章制度、劳动纪律 2. 按时按质完成工作任务 3. 积极主动承担工作任务，勤学好问 4. 人身安全与设备安全 5. 工作岗位 6S 完成情况	1. 出勤 2. 工作态度 3. 劳动纪律 4. 团队协作精神				0.3	
专业能力	1. 理解变频器 PID 控制原理 2. 掌握变频器 PID 控制的外部连接 3. 理解 PID 参数含义，掌握 PID 参数设置方法 4. 能根据控制要求，完成 PID 控制功能的运行调试	1. 操作的准确性和规范性 2. 工作页或项目技术总结完成情况 3. 专业技能任务完成情况				0.5	
创新能力	1. 在任务完成过程中能提出自己的有一定见解的方案 2. 在教学或生产管理上提出建议，具有创新性	1. 方案的可行性及意义 2. 建议的可行性				0.2	
合计							

【技能拓展】

有一台3.5 kW的电动机拖动一台气泵，为了实现恒压供气，必须对变频器进行自动调节变速控制，压力控制在0.5 kPa为正常生产使用要求，压力工作范围为0～1 kPa，压力传感器输出为标准信号4～20mA模拟信号。设计画出系统接线图，根据要求正确设置变频器参数，并运用PID控制进行操作实验。

更多资讯请参考：

◆《变频技术》（中国劳动和社会保障出版社）

◆《三菱变频器E700使用手册》

◆ 中国工控网 http：//www.gongkong.com/

任务三　搬运机械手的运行控制

工作情景：

客户（乙方）：

我企业为扩大生产规模、提高生产效率，拟建一条机械手搬用生产线，经招标已确定由贵公司承接，望贵公司能圆满完成此项工程。

某公司总经理（甲方）：

经过我公司研发部和营销部全体员工共同努力，终于拿下这个项目，虽然这个项目时间紧、任务急、技术要求高，但是对提高我公司的声誉，以及锻炼我们的队伍是一次难得的机遇，希望你们两个部门团结互助、再接再厉，圆满完成此项工程项目。

本工程项目技术要求：搬运机械手具备抓紧放松、上升下降、水平左右移动功能；时间要求 30 个工作日。

学习任务一　认识气动回路

【任务描述】

在药粒自动瓶装系统模拟运行中，送瓶装置送瓶动作、药粒导装、药瓶加盖加印、机械手上升下降、左旋右旋、抓取放松等操作均依靠气压传动系统完成，也就是说，整套实验设备一半的执行机构都是由气压传动系统实现的，因此，理解气动回路的结构原理，掌握气动回路的安装调试至关重要。

【任务要求】

1. 对驱动技能工作岛各个单元的气动回路部件进行安装。
2. 用合适的管道及中间连接件将已经安装好的气动回路部件进行连接。
3. 以小组为单位，在小组内通过分析、对比、讨论决策出最优的实施步骤方案，由小组长进行任务分工，完成气动回路的运行调试。

【能力目标】

1. 能理解气动回路的结构原理。
2. 会气动回路的安装及连接。
3. 能完成气动回路的运行调试。
4. 培养创新改造、独立分析和综合决策能力。
5. 培养团队协作、与人沟通和正确评价能力。

【任务准备】

气动技术在工业生产中应用十分广泛，它可以应用于包装、进给、计量、材料的输送、工件的转动与翻转、工件的分类等场合，还可应用于车、铣、钻、锯等机械加工的过程。

气动技术是以压缩空气作为动力源驱动气动执行元件完成一定的运动规律的应用技术。

1. 气压传动的工作原理

气压传动的工作原理是利用空压机把电动机或其他原动机输出的机械能转换为空气的压力能，然后在控制元件的作用下，通过执行元件把压力能转换为直线运动或回转运动形式的机械能，从而完成各种动作，并对外做功。

2. 气动系统的组成

（1）气源装置

为系统提供符合质量要求的压缩空气。

（2）执行元件

将气体压力能转换成机械能并完成做功动作的元件，如气缸、气马达。

（3）控制元件

控制气体压力、流量及运动方向的元件，如各种阀类；能完成一定逻辑功能的元件，如气动逻辑元件；感测、转换、处理气动信号的元器件，如气动传感器及信号处理装置。

（4）气动辅件

气动系统中的辅助元件，如消声器、管道、接头等。

3. 各种元件的分析

（1）执行元件

气动执行元件是将压缩空气的压力能转换为机械能的装置。包括气缸和气马达。实现直线运动和做功的是气缸；实现旋转运动和做功的是气马达。

（2）控制元件

1）减压阀　气压传动系统与液压传动系统不同的一个特点是，液压传动系统的液压油是由安装在每台设备上的液压源直接提供；而气压传动则是将比使用压力高的压缩空气储于储气罐中，然后减压到适用于系统的压力。因此每台气动装置的供气压力都需要用减压阀（在气动系统中又称调压阀）来减压，并保持供气压力值稳定。

2）溢流阀　一般只作为安全阀用。

3）顺序阀　由于气缸（马达）的软特性，很难用顺序阀实现两个执行元件的顺序动作。

4）流量控制阀　用于控制执行元件运动速度。一般分为以下3种：节流阀、单向节流阀、排气节流阀。

5）方向控制阀　单向型控制阀：单向阀、或门型梭阀 、与门型梭阀、快速排气阀。

（3）气动逻辑元件

它是通过元件内部的可动部件的动作改变气流方向来实现一定逻辑功能的气动控制元件。

按结构形式可分高压截止式逻辑元件、膜片式逻辑元件、滑阀式逻辑元件和射流元件。

气动逻辑元件的特点：

1）元件流道孔道较大，抗污染能力较强（射流元件除外）；

2）元件无功耗气量低；

3）带负载能力强；

4）连接、匹配方便简单，调试容易，抗恶劣工作环境能力强；

5）运算速度慢，在强烈冲击和振动条件下，可能出现误动作。

（4）气源装置

气源装置用来产生具有足够压力和流量的压缩空气并将其净化、处理作储存的装置，是气动系统的重要组成部分。

气源装置由以下3部分组成：

1）气压发生装置——空气压缩机　空气压缩机的作用是将机械能转化为气体的压力能，供气动机械使用。空气压缩机通常依据气动系统所需要的工作压力和流量两个参数来选用，一般分为容积型和速度型。

2）管道系统。

3）气动元件

① 分水过滤器：作用是除去空气中的灰尘、杂质，并将空气中的水分分离出来。

原理：回转离心、撞击。

性能指标：过滤度、水分离率、滤灰效率、流量特性。

② 油雾器：特殊的注油装置。

原理：当压缩空气流过时，它将润滑油喷射成雾状，随压缩空气流入需要的润滑部件，达到润滑的目的。

性能指标：流量特性、起雾油量。

③ 减压阀：起减压和稳压作用。

（5）气源辅件

消声器：降低噪声。

原理：气缸、气阀等工作时排气速度较高，气体体积急剧膨胀，会产生刺耳的噪声，消声器是通过阻尼或增加排气面积来降低排气的速度和功率，从而降低噪声的。

类型：吸收型；膨胀干涉型；膨胀干涉吸收型。

4. 常用气动元件符号

常用气动元件符号如表 3－1－1 所示。

表 3－1－1　　　常用气动原件符号对照表

名称	外形	图形符号
空压机		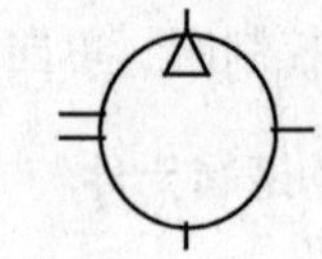
储气罐		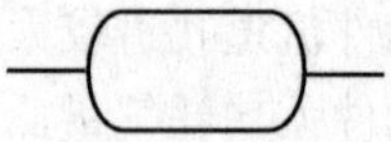
过滤器	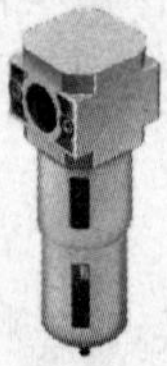	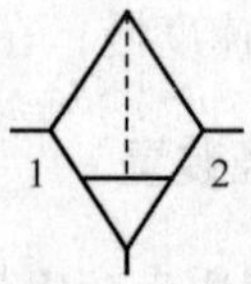 1　2
油雾器		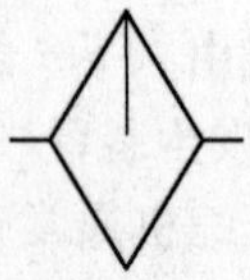

续表

名称	外形	图形符号
调压阀		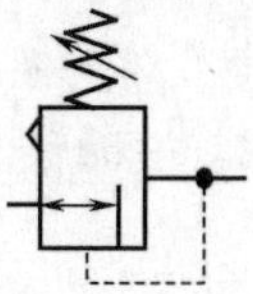
气源处理三联件		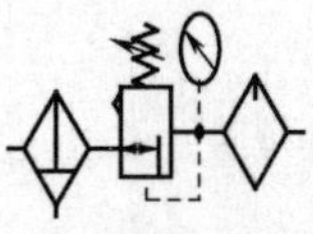 （原符号）（简化符号） 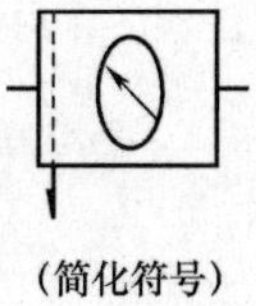
单向阀		 （不带弹簧）（带弹簧） 
节流阀		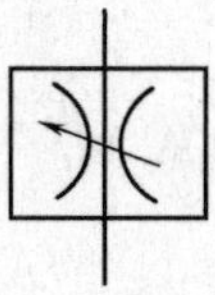
单向节流阀		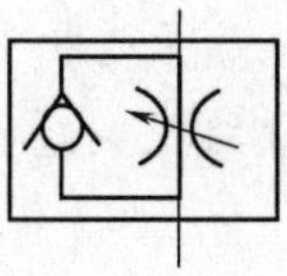
单气控二位三通阀		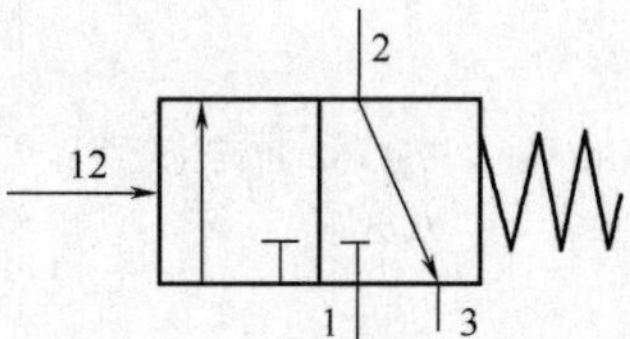 2 12 1 3
双气控二位三通阀		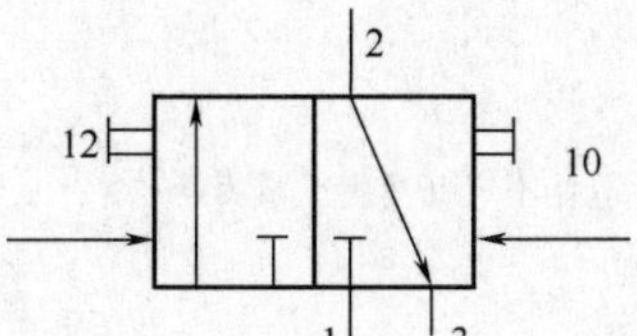 2 12 10 1 3

续表

名称	外形	图形符号
单电控二位五通阀		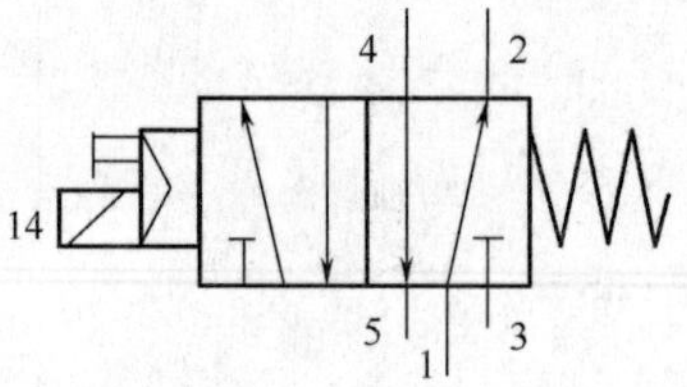 4 2 14 5 1 3
双气控二位五通阀		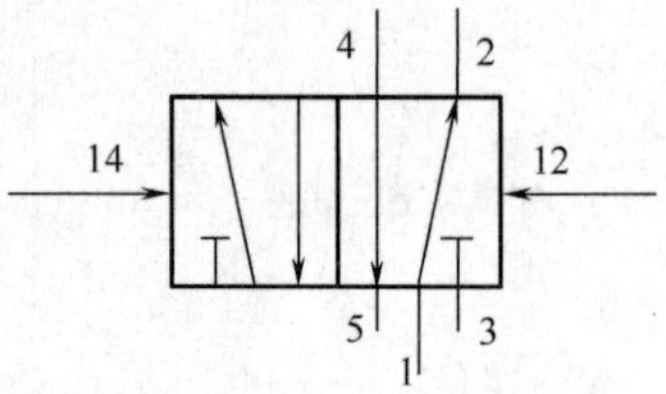 4 2 14 12 5 1 3
单作用气缸	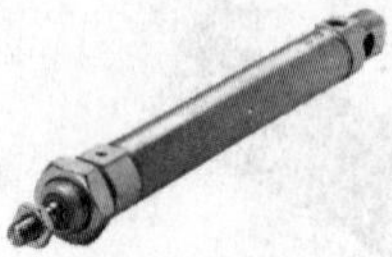	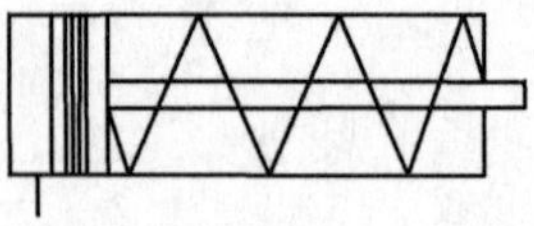
双作用气缸		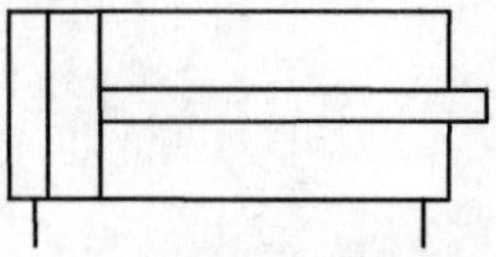
双作用气缸（带磁环，可调气缓冲）		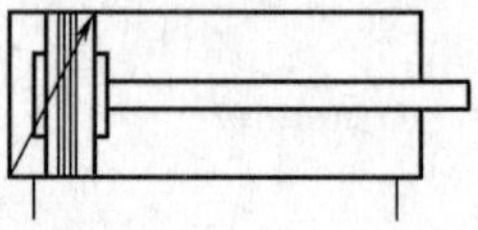
双作用气缸（带磁环，可调气缓冲）双出杆		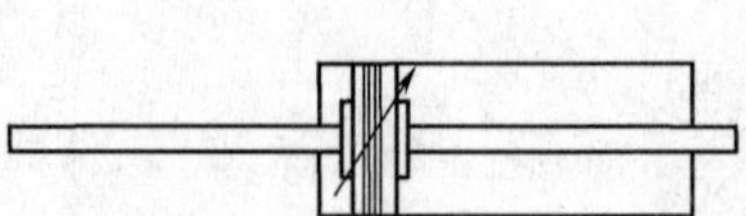
双作用气缸（带夹紧装置）		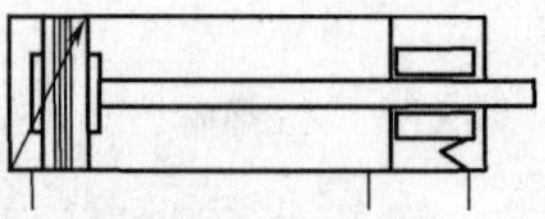

5. 各单元气路原理图

（1）各单元与气站连接总图

自动瓶装系统各单元与气站连接总图，如图 3－1－1 所示。

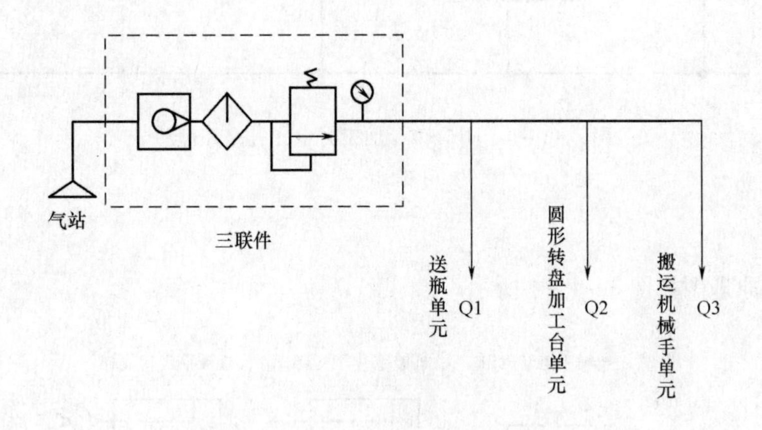

图 3－1－1　各单元与气站连接总图

（2）送瓶单元气路原理

送瓶单元气路原理图，如图 3－1－2 所示。

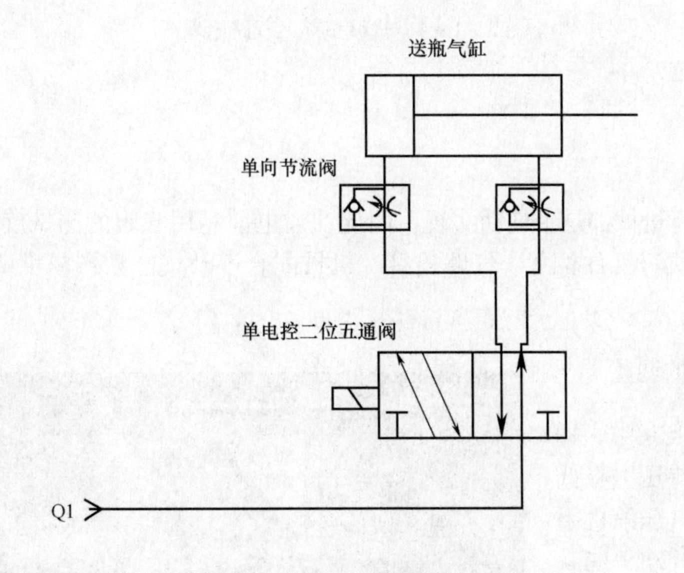

图 3－1－2　送瓶单元气路原理图

（3）加工台单元

圆形转盘加工台单元气路原理图如图 3－1－3 所示。

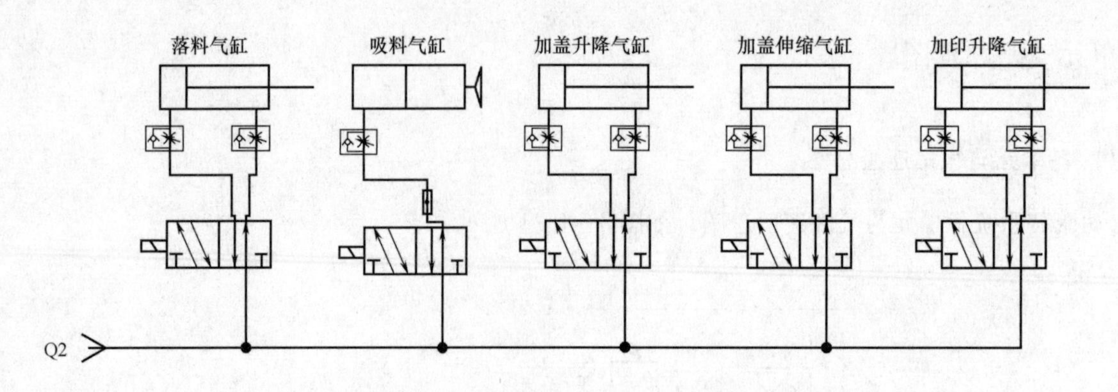

图 3－1－3　圆形转盘加工台单元气路原理图

（4）机械手单元

机械手单元气路原理图如图 3－1－4 所示。

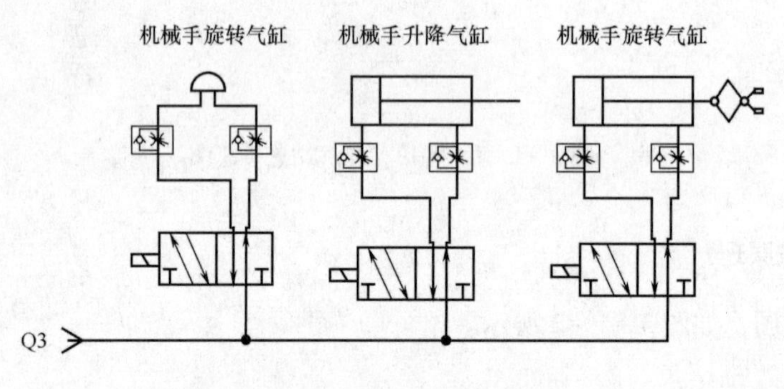

图 3－1－4　机械手单元气路原理图

6. 气路的调试

该套设备一半的执行机械都是由气动实现，因此在通电前利用气阀的测试旋钮对其驱动的装置进行手动测试，从而测试各执行元件位置、气路连接、机械配合度及气缸动作幅度等基本性能的正确与否，及时进行调整。

（1）设备工作气压的调整

1）当空气压缩机气压达到 0.4MPa 时，压缩机停止工作，待压力降低后再启动，此时打开空气压缩机手动气阀，气源引入设备气动“三联件”。

2）拔起气动“三联件”的调节阀旋钮，顺时针旋转阀门，使压力调节到 0.2～0.3MPa 之间，然后按下调节阀旋钮，锁住阀门。如图 3－1－5 所示。

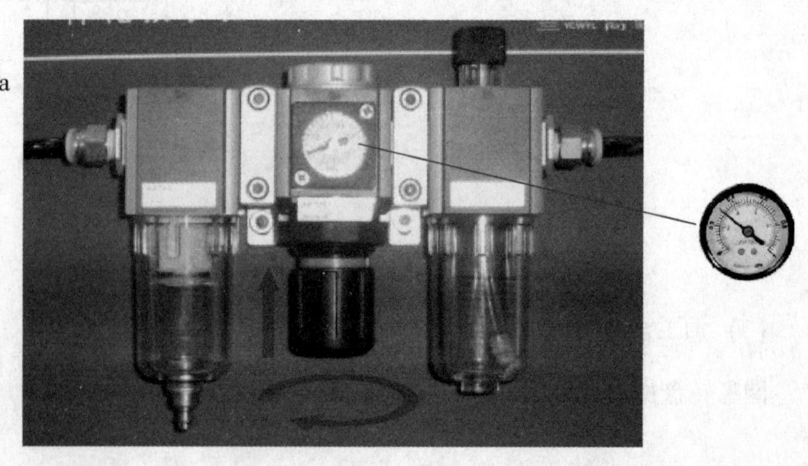

图 3－1－5　三联件调节示意图

3）随着气压的增大，设备各

单元通气，这时用听觉检测是否有漏气点，进行重新连接或补漏处理。

（2）测试方法介绍

通过利用小一字螺丝刀对气动电磁阀的测试旋钮进行操作。按下即导通该阀气路，松开即断开；按下后顺时针旋转360°以上即可锁住该阀门，使其保持常开，逆时针回旋恢复断路。

（3）调整方法介绍

通过节流阀调节旋钮，可以对气缸的动作速度进行调整。如果运动过快需要顺时针旋转节流阀调节旋钮，并锁紧防止松动；反之则需要逆时针旋转节流阀调节旋钮，直到达到合适的速度，再锁紧。如图3－1－6所示。

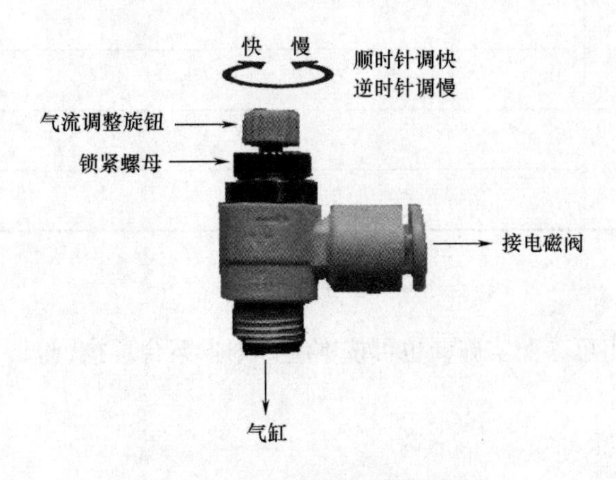

图3－1－6 节流阀调整示意图

【任务计划】

经小组讨论后，制定出以下任务实施方案：

1. 写出安装及连接步骤并画出气路连接示意图

安装及连接步骤	画出气路连接示意图	教师审核

2. 填写调试步骤

调试步骤	描述该步骤下会出现的现象	教师审核
(1)		
(2)		
(3)		
(4)		
(5)		
(6)		
(7)		
(8)		

【任务实施】

以下为参考步骤，各小组可参照实施，也可按本组计划方案合理执行。

1. 准备工具及材料

为完成工作任务，每个工作小组需要向工作岛内仓库工作人员借用工具及领取材料。如表 3－1－2，表3－1－3 所示。

表 3－1－2　　　　　　**________工作岛借用工具清单**

名称	数量	规格	单位	借出时间	借用人签名	归还时间	归还人签名	管理员签名

表 3－1－3　　　　　　**________工作岛领取材料清单**

名称	规格型号	单位	申领数量	实发数量	归还时间	归还人签名	管理员签名

2. 气动回路部件安装及气路连接操作

参照气路连接图，完成气动回路部件安装及气路连接；安装要认真细心，切勿将部件装错装反，管道与部件连接要可靠，避免漏气。

参见：【任务准备】以及【任务计划】中第 1 点内容。

3. 开启空气压缩机

气动回路部件安装连接完毕后，关闭三联件阀门，经老师批准，开启空气压缩机，使其加压至额定压力时，打开三联件阀门，观察（听）气路是否存在漏气。若气路中发现漏气，应立即关闭三联件阀门，并检修漏气部位。

4. 手动测试

气路通气后，利用小一字螺丝刀对气动电磁阀的测试旋钮进行操作。按下即导通该阀气路，松开即断开。

5. 调整各气缸动作速度

如果运动过快需要顺时针旋转节流阀调节旋钮，并锁紧防止松动；反之则需要逆时针旋转节流阀调节旋钮，直到达到合适的速度，再锁紧。

6. 通电试验

经老师批准后，接通工作岛电源，逐个将各个气缸电磁阀接入直流 24V 电源，观察是否动作正常。操作要认真，以免接错线而导致短路损坏元件或设备

7. 将你的任务实施过程与其他组（员）进行对比，如发现差异，在组内和组外进行充分的讨论，取长补短，对你在任务实施过程存在不足的地方加以改正完善

注意事项：

（1）必须在教师指导下，进行实操。

（2）实操过程遵守安全用电规则，注意人身安全。

【任务评价】

（1）各小组派代表展示任务计划，并对任务计划内容进行讲解。

（2）各小组派人展示气动回路运行效果，接受全体同学的检阅。

（3）其他小组提出的改进建议

____

____

____

____

（4）学生自我评估与总结

（5）小组评估与总结

（6）教师评价（根据各小组学生完成任务的表现，给予综合评价，同时给出该工作任务的正确答案供学生参考）

（7）“6S”处理

所有测试完毕后，检测工作台设备各种功能是否正常，关闭技能岛总电源，拆线，清点工具及实习材料，维护保养仪器设备，确保其工作在最佳工作状态，并对工作岗位进行整理清扫，归还所借的工量具和实习工件。

（8）评价表

表 3-1-4　任务评价表

班级：______ 小组：______ 姓名：______	任务名称：搬运机械手的运行控制 学习任务名称：认识气动回路 指导教师：______ 日期：______					
评价项目	评价标准	评价依据	评价方式			权重	得分小计
			学生自评 20%	小组互评 30%	教师评价 50%		
职业素养	1. 遵守企业规章制度、劳动纪律 2. 按时按质完成工作任务 3. 积极主动承担工作任务，勤学好问 4. 人身安全与设备安全 5. 工作岗位6S完成情况	1. 出勤 2. 工作态度 3. 劳动纪律 4. 团队协作精神				0.3	
专业能力	1. 理解气动回路的结构原理 2. 掌握气动回路的安装及连接 3. 掌握气动回路的运行调试	1. 操作的准确性和规范性 2. 工作页或项目技术总结完成情况 3. 专业技能任务完成情况				0.5	
创新能力	1. 在任务完成过程中能提出自己的有一定见解的方案 2. 在教学或生产管理上提出建议，具有创新性	1. 方案的可行性及意义 2. 建议的可行性				0.2	
合计							

学习任务二　利用步进驱动系统实现机械手的直线移动控制

【任务描述】

药粒自动瓶装系统中搬运机械手的水平直线左右移动主要是由可编程控制器（PLC）、步进驱动器和步进电动机实现运行控制。运行过程为：机械手沿丝杆导轨做左右水平移动；操作方式为点动操作，即保持按下“向左”或“向右”按钮，机械手向左或向右移动，松开“向左”或“向右”按钮后机械手停止。在机械手移动进程中，若碰到相应方向的极限开关时，机械手立即停止。

【任务要求】

1. 根据控制要求完成系统接线。
2. 用 PLSY 或 PLSR 指令完成 PLC 控制程序的编写。
3. 以小组为单位，在小组内通过分析、对比、讨论决策出最优的实施步骤方案，由小组长进行任务分工，完成搬运机械手的左右移动运行调试。

【能力目标】

1. 可理解步进电动机、步进驱动器的结构、工作原理。
2. 可理解步进驱动器的端子名称及功能。
3. 会步进驱动器的安装与接线。
4. 能完成 PLSY、PLSR（Y0、Y1）输出指令的应用及编程。
5. 培养创新改造、独立分析和综合决策能力。
6. 培养团队协作、与人沟通和正确评价能力。

【任务准备】

1. 步进电机

步进电机是将电脉冲信号转变为角位移或线位移的开环控制元件。在非超载的情况下，电机的转速、停止的位置只取决于脉冲信号的频率和脉冲数，而不受负载变化的影响，即给电机加一个脉冲信号，电机则转过一个步距角。这一线性关系的存在，加上步进电机只有周期性的误差而无累积误差等特点，使得在速度、位置等控制领域用步进电机来控制变得非常简单，如图 3－2－1 所示。

图 3－2－1　两相混合式步进机

（1）步进电机的分类

不同的分类方法与类型，如表 3－2－1 所示。

表 3－2－1　　步进电机分类

分类方式	具 体 类 型
按力矩产生的原理	（1）反应式：转子无绕组，定转子开小齿、步距小，应用最广 （2）永磁式：转子的极数＝每相定子极数，不开小齿，步距角较大，力矩较大 （3）感应子式（混合式）：开小齿，混合反应式与永磁式优点：转矩大、动态性能好、步距角小
按输出力矩大小	（1）伺服式：输出力矩在百分之几至十分之几 N·，只能驱动较小的负载，要与液压扭矩放大器配用，才能驱动机床工作台等较大的负载 （2）功率式：输出力矩在 5～50 N·m 以上，可以直接驱动机床工作台等较大的负载
按定子数	（1）单定子式；（2）双定子式；（3）三定子式；（4）多定子式
按各相绕组分布	（1）径向分布式：电机各相按圆周依次排列 （2）轴向分布式：电机各相按轴向依次排列

（2）两相混合式步进电机结构

电动机轴向结构如图 3－2－2 所示。转子被分为完全对称的两段，一段转子的磁力线沿转子表面呈放射形进入定子铁心，称为 N 极转子；另一段转子的磁力线经过定子铁心沿定子表面穿过气隙回归到转子中去，称为 S 极转子。图中虚线闭合回路为磁力线的行走路线。相应地定子也被分为两段，其上装有 A、B 两相对称绕组。同时，沿转子轴在两段转子中间安装一块永磁铁，形成转子的 N、S 极性。从轴向看过去，两段转子齿中心线彼此错开半个转子齿距。

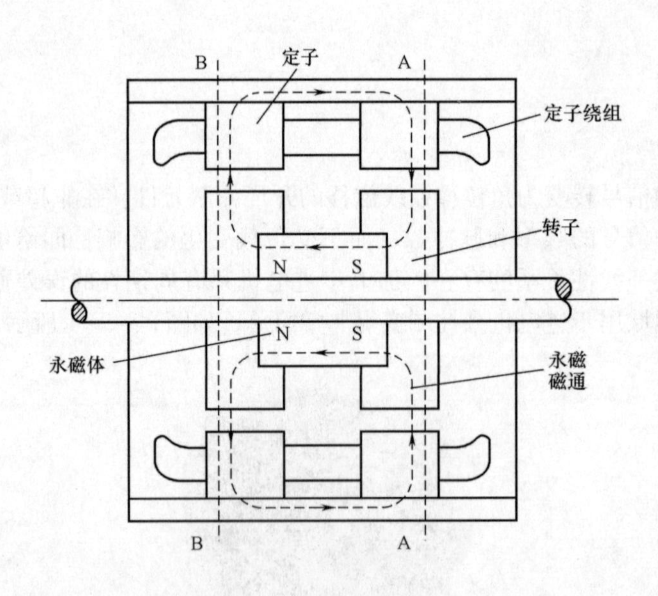

图 3－2－2　两相步进电机结构图

（3）两相步进电机的原理

通常电机的转子为永磁体，当电流流过定子绕组时，定子绕组产生一矢量磁场。该磁场会带动转子旋转一角度，使得转子的一对磁场方向与定子的磁场方向一致。每输入一个电脉冲，电动机转动一个角度前进一步。它输出的角位移与输入的脉冲数成正比、转速与脉冲频率成正比。改变绕组通电的顺序，电机就会反转。所以可用控制脉冲数量、电动机各相绕组的通电顺序来控制步进电机的转动。

（4）两相步进电机的工作方式

两相步进电机的工作方式主要有：

单四拍：A - B - $\overline{A}$ - $\overline{B}$ - 循环（如图 3 - 2 - 3 所示）

双四拍：AB - B$\overline{A}$ - $\overline{A}\overline{B}$ - $\overline{B}$A - 循环

单双八拍：A - AB - B - B$\overline{A}$ - $\overline{A}$ - $\overline{A}\overline{B}$ - $\overline{B}$ - $\overline{B}$A - 循环

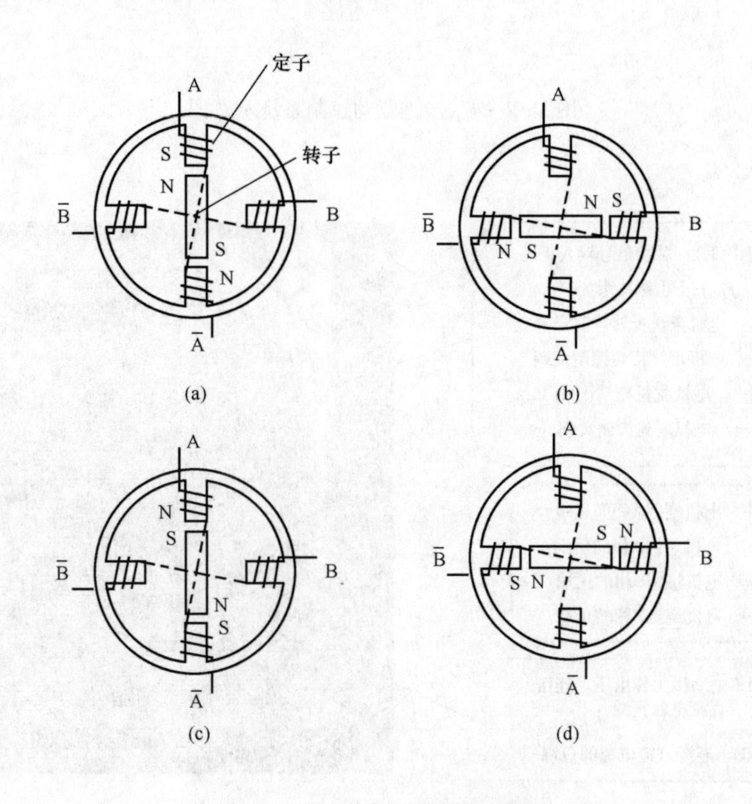

图 3 - 2 - 3　单四拍动作示意图

2. 步进驱动器

从步进电机的转动原理可以看出，要使步进电机正常运行，必须按规律控制步进电机的每一相绕组得电。驱动器的作用是对控制脉冲进行环形分配、功率放大，使步进电机绕组按一定顺序通电，控制电机转动。

（1）步进驱动器原理

以两相步进电机为例，当给驱动器一个脉冲信号和一个正方向信号时，驱动器经过环形分配器和功率放大后，给电机绕组通电的顺序为 A - B - $\overline{A}$ - $\overline{B}$，其 4 个状态周而复始进行变化，电机顺时针转动；若方向信号变为负时，通电时顺序就变为 $\overline{B}$ - $\overline{A}$ - B - A，电机就逆时针转动。如图 3 - 2 - 4 所示。

（2）步进驱动器端子介绍与接法

步进驱动器接线端子介绍，如图 3 - 2 - 5 所示。

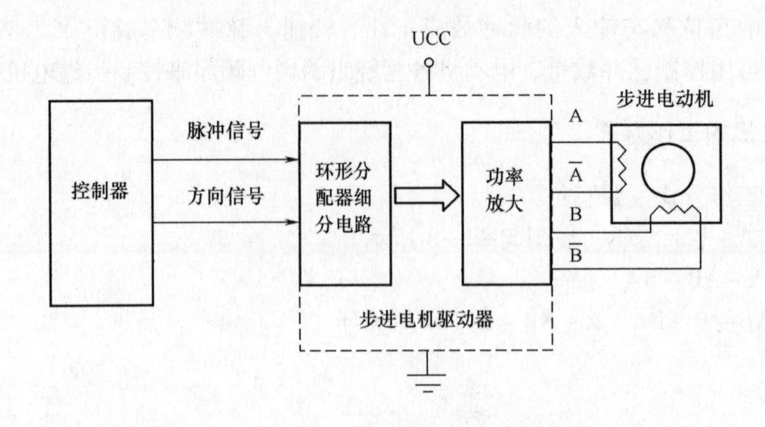

图 3－2－4　步进驱动控制系统示意图

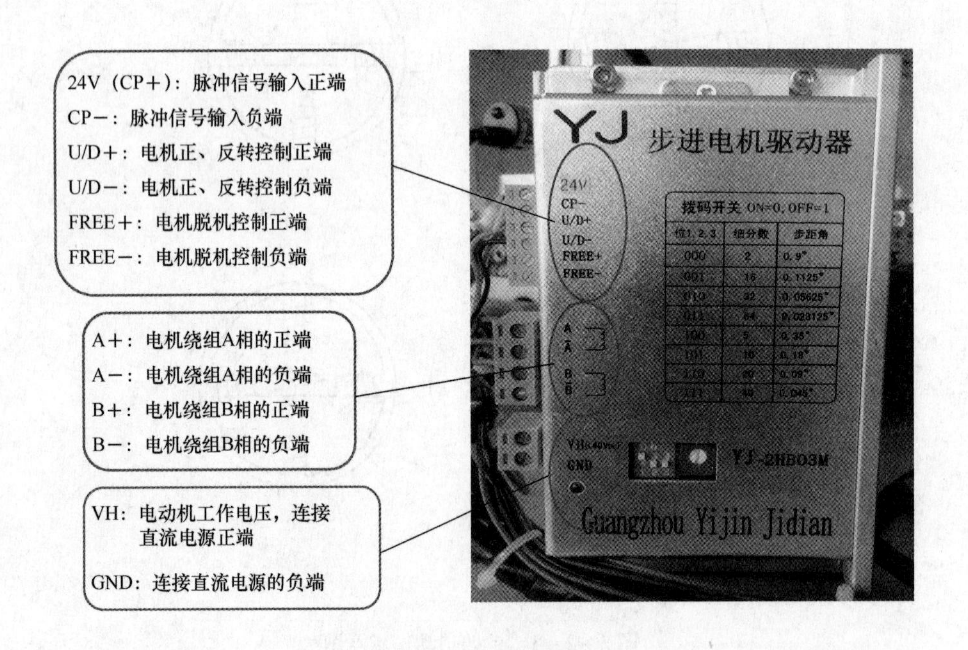

图 3－2－5　步进驱动器接线端子介绍

各输入信号在驱动器内部的接口电路相同，相互独立，用户可根据需要采用共阳极接法或共阴极接法。因为技能岛上使用的 PLC 为晶体管输出型，故不能采用共阴极接法。

共阳极接法：分别将 CP＋，U/D＋，FREE＋连接到控制系统的电源上，如果此电源是＋24V 则可直接接入，如果此电源大于＋24V，则须外部另加限流电阻 R，保证给驱动器内部光耦提供 8～15mA 的驱动电流。输入脉冲信号通过 CP－加入。此时，U/D－，FREE－在低电平时起作用。步进驱动器共阳极输入信号接法如图 3－2－6 所示。

3. PLC 控制程序

（1）PLSY、PLSR 指令介绍

1）PLSY 指令　图 3－2－7 为 PLSY 指令结构。

S1：指定频率，16 位指令设定范围 2～20 000 Hz，32 位指令设定范围 1～100000Hz。

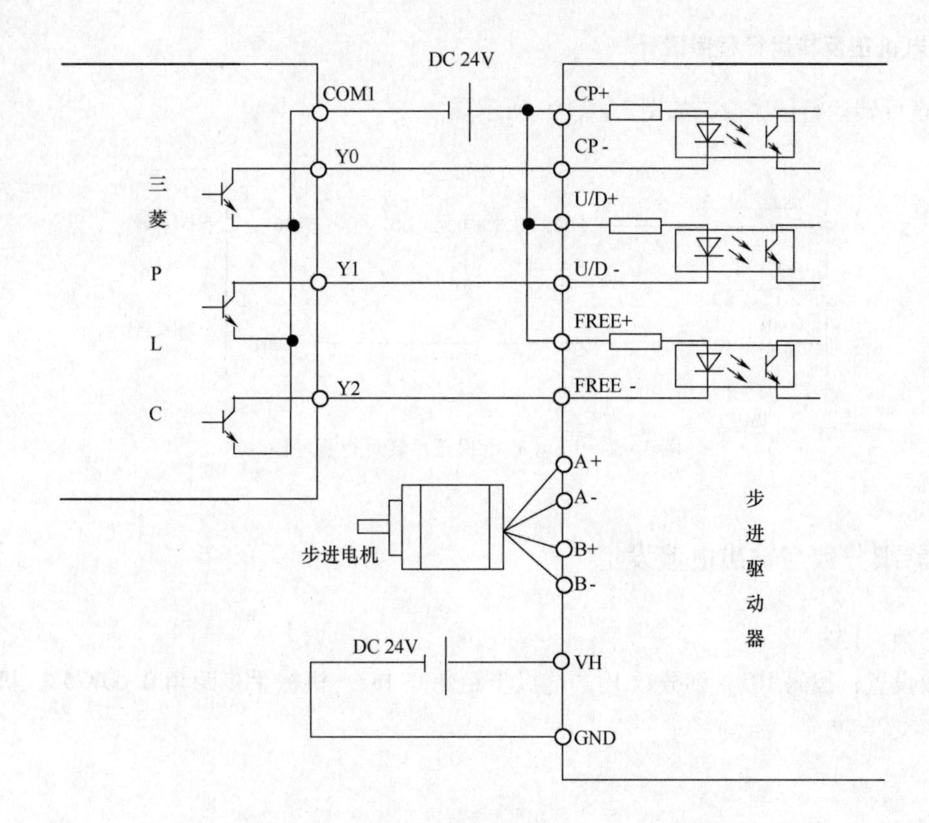

图 3－2－6　步进驱动器共阳极输入信号接法

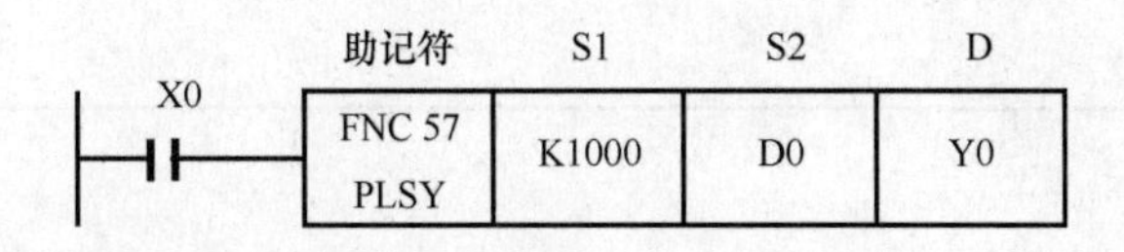

图 3－2－7　PLSY 指令结构

S2：指定产生脉冲量，16 位指令设定范围 1～32767（PLS），32 位指令设定范围 1～2147483647（PLS），当设定为 0 的时候为连续输出脉冲。

D：指定输出脉冲 Y 编号，仅限于 Y0 或 Y1 有效（请使用晶体管输出方式）。

2）PLSR 指令　图 3－2－8 为 PLSR 指令结构。

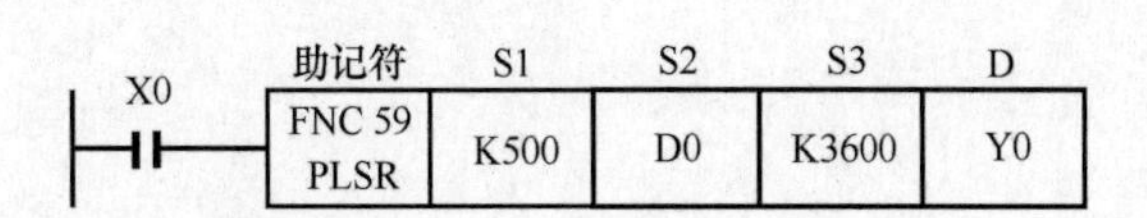

图 3－2－8　PLSR 指令结构

S1：最高频率，设定范围 10～20000Hz。

S2：总输出脉冲量，16 位指令设定范围 110～32767（PLS），32 位指令设定范围 110～2147483647（PLS）。

S3：加减速时间，可设定范围 5000ms 以下。

D：指定输出脉冲 Y 编号，仅限于 Y0 或 Y1 有效（请使用晶体管输出方式）。

（2）步进电机正反转运行程序设计

步进电机正反转运行程序段，如图 3－2－9 所示。

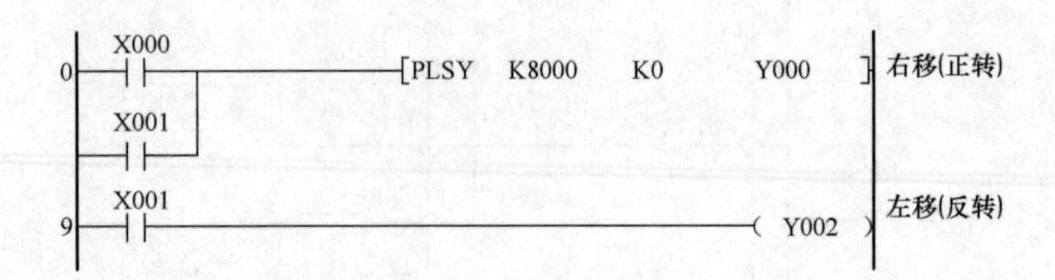

图 3－2－9　步进电机正反转运行程序段

4. 步进驱动器细分数与输出电流设定

1）电流参数：1A。

2）细分数设置：拨码 101，细分数 10，电机步距角 0.18°，机械手步距角 0.00775°，机械手每转 1°需 129 个脉冲。

【任务计划】

经小组讨论后，制定出以下任务实施方案：

1. 画出 PLC 的 I/O 分配表

2. 写出搬运机械手的安装接线步骤以及画出接线示意图

注意：机械手行程中设有左右两个极限位置开关，当运行时碰合其中一个极限位置开关时，机械手立即停止，接线、编程及调试时应注意。

安装及接线步骤	画出搬运机械手的接线示意图	教师审核

3. 搬运机械手的运行程序设计

4. 填写调试步骤

调试步骤	描述该步骤下会出现的现象	教师审核
(1)		
(2)		
(3)		
(4)		
(5)		
(6)		
(7)		
(8)		

【任务实施】

以下为参考步骤，各小班可参考实施，也可按本组计划方案合理执行。

1. 准备工具及材料

为完成工作任务，每个工作小组需要填表向工作岛内仓库工作人员借用工具及领取材料。如表 3 - 2 - 2 和表 3 - 2 - 3 所示。

表 3 - 2 - 2　　________**工作岛借用工具清单**

名称	数量	规格	单位	借出时间	借用人签名	归还时间	归还人签名	管理员签名

表 3 - 2 - 3　　________**工作岛领取材料清单**

名称	规格型号	单位	申领数量	实发数量	归还时间	归还人签名	管理员签名

2. 任务实施前的相关检查

检查项目	标准状态	当前状态	处理方法	教师审核
工作岛总电源	断开			
相关端子及接线	良好			
各部件安装	牢固			
所需工具材料	齐全			

3. 接线操作

参照接线图，完成PLC、步进驱动器和步进电动机的连接；端子与导线应可靠连接，切勿松动。认真细心进行接线操作，切勿麻痹大意；接线完毕后要认真检查，杜绝出现错接漏接。

参见【任务准备】以及【任务计划】中第1、第2点内容。

4. 编写控制程序

打开计算机，运行GX Developer编程软件，编写控制程序。

参考【相关知识】、【任务计划】中第1点内容。

5. 根据任务控制要求进行调试

经老师审阅同意后，接通工作岛电源，并进行调试操作，操作时严格遵守安全操作规则，结合任务要求和计划完成调试操作。

参考【任务要求】以及【任务计划】1~3点内容。

6. 将你的任务实施过程与其他组（员）进行对比，如发现差异，在组内和组外进行充分的讨论，取长补短，对你在任务实施过程存在不足的地方加以改进完善

注意事项：

（1）必须在教师指导下进行实操。

（2）实操过程遵守安全用电规则，注意人身安全。

（3）根据电路图正确接线。

【任务评价】

（1）各小组派代表展示接线图和控制程序（利用投影仪），并解析程序含义及作用。

（2）各小组派人展示搬运机械手的运行效果，接受全体同学的检阅。

（3）其他小组提出的改进建议

____

____

____

____

（4）学生自我评估与总结

（5）小组评估与总结

（6）教师评价（根据各小组学生完成任务的表现，给予综合评价，同时给出该工作任务的正确答案供学生参考）

（7）“6S”处理

所有测试完毕后，检测工作台设备各种功能是否正常，关闭技能岛总电源，拆线，清点工具及实习材料，维护保养仪器设备，确保其工作在最佳工作状态，并对工作岗位进行整理清扫，归还所借的工量具和实习工件。

（8）评价表

表 3-2-4　任务评价表

班级：______ 小组：______ 姓名：______	任务名称：搬运机械手的运行控制 学习任务名称：利用步进驱动系统实现机械手的直线移动控制 指导教师：______ 日期：______

评价项目	评价标准	评价依据	评价方式			权重	得分小计
			学生自评 20%	小组互评 30%	教师评价 50%		
职业素养	1. 遵守企业规章制度、劳动纪律 2. 按时按质完成工作任务 3. 积极主动承担工作任务，勤学好问 4. 人身安全与设备安全 5. 工作岗位 6S 完成情况	1. 出勤 2. 工作态度 3. 劳动纪律 4. 团队协作精神				0.3	
专业能力	1. 理解步进电动机、步进驱动器的结构、工作原理 2. 理解步进驱动器的端子名称及功能 3. 掌握步进驱动器的安装与接线 4. 掌握 PLSY、PLSR（Y0、Y1）输出指令的应用及编程	1. 操作的准确性和规范性 2. 工作页或项目技术总结完成情况 3. 专业技能任务完成情况				0.5	
创新能力	1. 在任务完成过程中能提出自己的有一定见解的方案 2. 在教学或生产管理上提出建议，具有创新性	1. 方案的可行性及意义 2. 建议的可行性				0.2	
合计							

【技能拓展】

经过对本次任务的实施，我们发现，在步进驱动器没有断电的情况下，即使步进电机处于停止，但其转子依然不能自由转动（转子被锁死）使步进驱动器断电后，步进电机就可以自由转动。在实际应用中，为了便于手动调整被控器械的位置，这就需要步进电机在停止运转时，转子可以自由转动，若采用通过断开步进驱动器电源的方式来实现，不仅操作不便，而且可能会导致步进驱动器寿命缩短。

如何让步进驱动器在不断电的情况下使步进电机转子能自由转动？请同学们查阅相关资料，解决这个问题。

更多资讯请参考：

◆《FX 系列特殊功能模块用户手册》

◆《步进电机及驱动器使用手册》

◆ 中国工控网 http：//www. gongkong. com/

学习任务三　利用步进驱动系统实现机械手的定位控制

【任务描述】

药粒自动瓶装系统中搬运机械手的定位移动控制主要是由可编程控制器（PLC）、步进驱动器和步进电动机实现。机械手运行过程为：回原点——定位运行——返回停止。在机械手移动进程中，若碰到相应方向的极限开关时，机械手立即停止。搬运机械手控制流程图如图 3－3－1 所示。

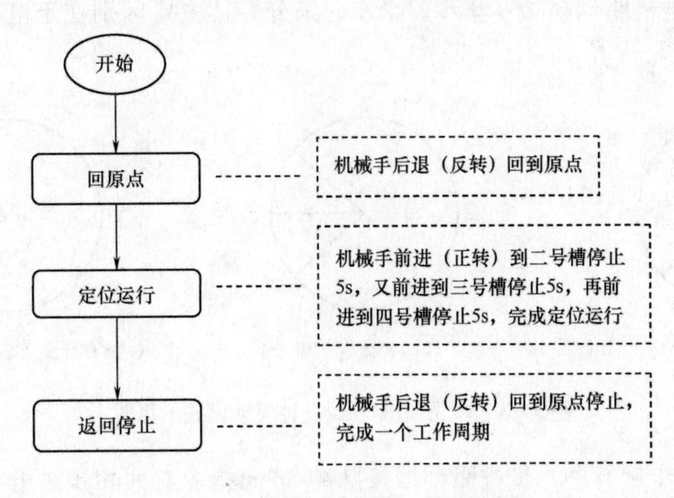

图 3－3－1　搬运机械手控制流程图

【任务要求】

1. 根据控制要求完成系统接线。
2. 正确设置步进驱动器的细分数和保护电流。
3. 运用 PLSY 或 PLSR 指令编写控制程序，使 PLC 发出位置脉冲实现定位控制。
4. 以小组为单位，在小组内通过分析、对比、讨论决策出最优的实施步骤方案，由小组长进行任务分工，完成搬运机械手的运行调试。

【能力目标】

1. 会步进驱动器的细分设置。
2. 会步进驱动器保护电流设置。
3. 能掌握 PLSY、PLSR 脉冲输出指令的应用及定位控制编程方法。
4. 培养创新改造、独立分析和综合决策能力。
5. 培养团队协作、与人沟通和正确评价能力。

【任务准备】

1. 步进驱动器的细分设置

由于步进电机成本低，控制线路简单，调试方便，所以在许多开环控制系统中得到了广泛的应用。但是当步进电机转子运动频率达到其机械谐振点时，就会产生谐振和噪声。为了克服机械噪声可以改变驱动方式，步进电机的驱动方式一般分为单相激励、两相激励和半步激励等。单相激励时虽然具有输入功率小，温度不会升得太高的优点，但是由于振荡厉害，控制不稳，所以很少采用。两相激励、半步激励都可以提高平稳度，减小机械振荡。据此，采用细分驱动控制减小噪声是一种比较完善和理想的解决手段。

所谓细分就是通过驱动器中电路的方法把步距角减小。当转子从一个位置转到下一个位置的时候，会出现一些“暂态停留点”。这样使得电机启动时的过调量或者停止时的过调量就会减小，电机轴的振动也会减小，使电机转子旋转过程变得更加平滑，更加细腻，从而减小了噪声。

（1）步进驱动器的工作模式

有3种基本的步进电机驱动模式：整步、半步、细分。其主要区别在于电机线圈电流的控制精度（即激磁方式），如图3－3－2所示。

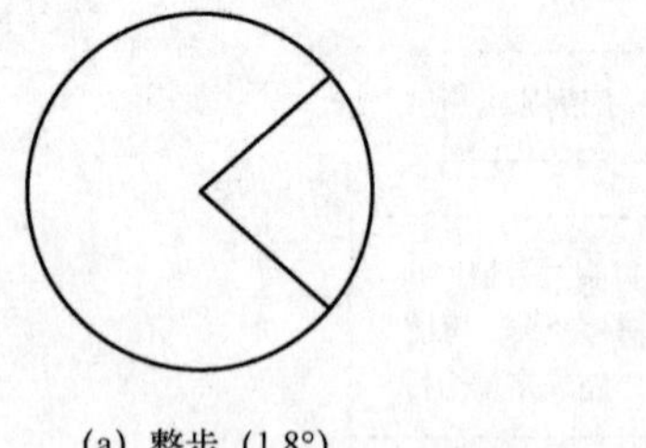

(a) 整步（1.8°）

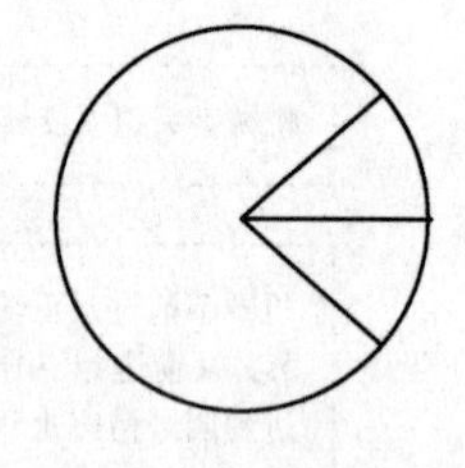

(b) 半步（0.9°/半步）

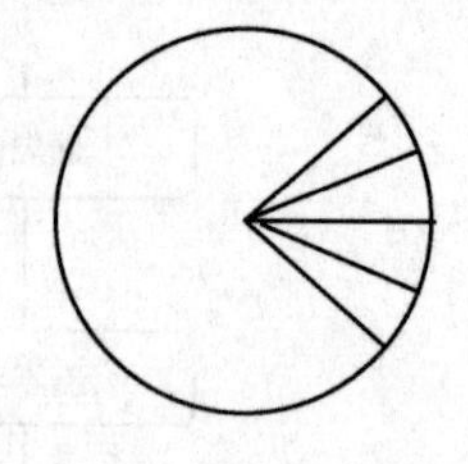

(c) n细分步（每细分步＝1.8°/n）

图3－3－2　步进驱动器三种驱动模式示意图

1）整步驱动　在整步运行中，步进驱动器按脉冲/方向指令对两相步进电机的两个线圈循环激磁（即将线圈充电设定电流），这种驱动方式的每个脉冲将使电机转动一个基本步距角，即1.8°（标准两相电机的一圈共有200个步距角）。

2）半步驱动　在单相激磁时，电机转轴停至整步位置上，驱动器收到下一脉冲后，如给另一相激磁且保持原来相继续处在激磁状态，则电机转轴将移动半个步距角，停在相邻两个整步位置的中间，如此循环地对两相线圈进行单相然后双相激磁，步进电机将以每个脉冲0.9°的半步方式转动。和整步方式相比，半步方式具有精度高一倍和低速运行时振动较小的优点。

3）细分驱动　细分驱动模式具有低速振动极小和定位精度高两大优点。对于有时需要低速运行或定位精度要求小于0.9°时，细分驱动器获得广泛应用。其基本原理是对电机的两个线圈分别按正弦和余弦形的台阶进行精密电流控制，从而使得一个步距角的距离分成若干个细分步完成。例如16细分的驱动方式可使每圈200标准步的步进电机达到每圈200×16＝3200步的运行精度（即0.1125°）。

（2）步进驱动器细分的设置

步进驱动器的外壳上一般都附有细分设置表，如图3－3－3所示。设置时，对照驱动器上的细分设置表，通过拨动拨码开关实现细分设置。如需设置为5细分，步距角为0.36°，那么3个拨码开关分别对应的状态是1，0，0，即第一个拨码开关置OFF，其余两个拨码开关均置ON。

设置细分时要注意的事项：

① 一般情况下细分数不能设置过大（细分过细），因为在控制脉冲频率不变的情况下，细分数越大，电机的转速越慢，而且电机的输出力矩减小。

② 驱动步进电机的脉冲频率不能太高，一般不超过2kHz，否则电机输出的力矩迅速减小。

2. 步进驱动器输出电流设置

为了使步进驱动器对不同电机能有较宽的适应度，一般都有输出电流可调功能。输出电流设定电位

细分设置表

拨码开关ON=0，OFF=1		
位1,2,3	细分数	步距角
000	2	0.9°
001	16	0.1125°
010	32	0.05625°
011	64	0.028125°
100	5	0.36°
101	10	0.18°
110	20	0.09°
111	40	0.045°

：细分拨码开关

：输出电流设定电位器

图 3－3－3　步进驱动器细分与电流设置图示

器如图 3－3－3 所示，电位器顺时针旋转，输出电流增加；逆时针旋转，输出电流减小。

3. PLSY/PLSR 指令

（1）PLSY 指令

图 3－3－4 为 PLSY 指令结构

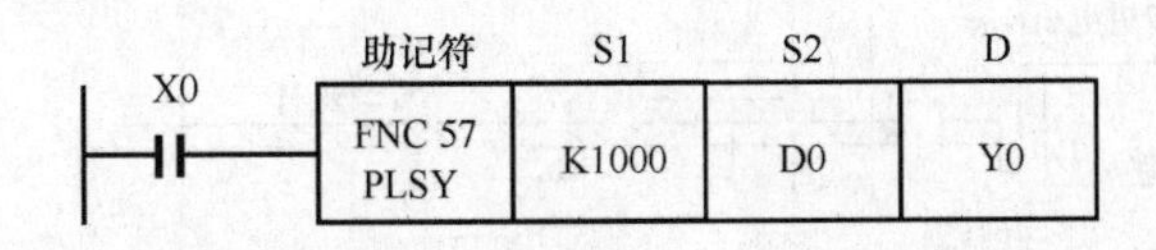

图 3－3－4　PLSY 指令结构

S1：指定频率，16 位指令设定范围 2～20000 Hz，32 位指令设定范围 1～100000 Hz。

S2：指定产生脉冲量，16 位指令设定范围 1～32767（PLS），32 位指令设定范围 1～2147483647（PLS），当设定为 0 的时候为连续输出脉冲。

D：指定输出脉冲 Y 编号，仅限于 Y0 或 Y1 有效（请使用晶体管输出方式）。

（2）PLSR 指令

图 3－3－5 为 PLSR 指令结构。

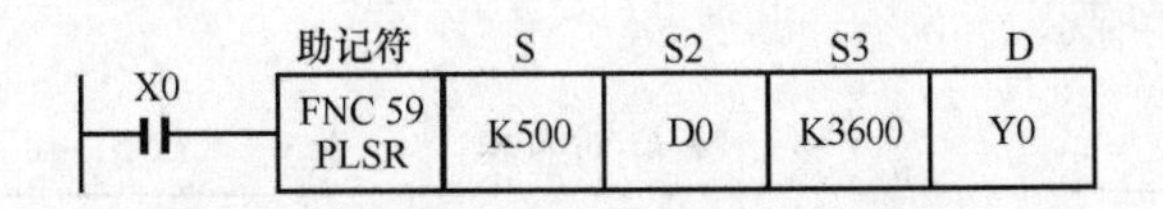

图 3－3－5　PLSR 指令结构

S1：最高频率，设定范围 10～20000Hz。

S2：总输出脉冲量，16 位指令设定范围 110～32767（PLS），32 位指令设定范围 110～2147483647（PLS）。

S3：加减速时间，可设定范围 5000 ms 以下。

D：指定输出脉冲 Y 编号，仅限于 Y0 或 Y1 有效（请使用晶体管输出方式）。

- PLSY、PLSR 指令使用注意事项：

① 使用同一个输出继电器（Y0 或 Y1）的脉冲输出指令不得同时驱……

② 设定脉冲输出完毕后，执行结束标志 M8029 动作。

③ 从 Y0 或 Y1 输出脉冲数将保存于以下特殊数据寄存器中，见表 3－3－1。

表 3－3－1　　特殊数据寄存器功能表

特殊数据寄存器	功能
D8140（低位） D8141（高位）	PLSY、PLSR 指令的 Y0 脉冲输出总数
D8142（低位） D8143（高位）	PLSY、PLSR 指令的 Y1 脉冲输出总数
D8136（低位） D8137（高位）	Y0 和 Y1 脉冲输出总数

4. 应用案例

某工作台移动装置如图 3－3－6 所示，控制要求为：按下启动按钮 SB1，工作台先执行回原点（SQ3）操作，接着右移至 50mm 处停 5s，返回原点停止；任何时刻按下停止按钮 SB2，工作台立即停止；按下按钮 SB3，使步进电机脱机，方便手动调整工作台位置。

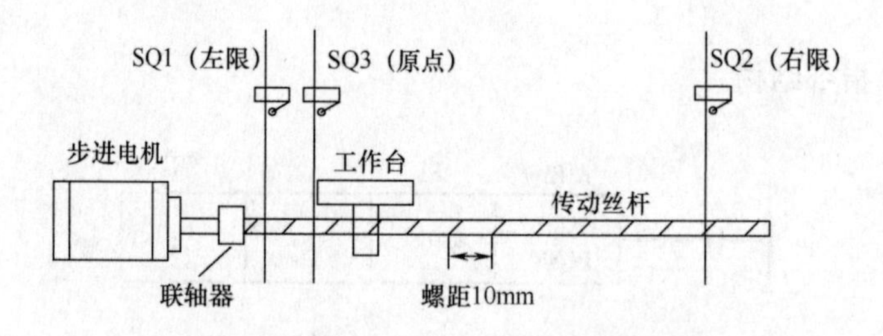

图 3－3－6　某工作台移动装置图示

分析：工作台传动丝杆螺距为 10mm，即步机电机旋转一周，工作台移动 10mm。假设将步进驱动器设置为 5 细分，步距角为 0. 36°：

电机转一周所需脉冲数＝360°/0. 36°＝1000 个

每个脉冲行走的距离＝10/1000＝0. 01mm

工作台行走 50mm 所需脉冲数＝50/0. 01＝5000 个

（1）根据题目要求画出 I/O 对照表

I/O 对照表如表 3－3－2 所示。

表 3－3－2　　I/O 对照表

输入信号			输出信号		
序号	输入点编号	注释	序号	输出点编号	注释
1	X0	启动 SB1	1	Y0	脉冲输出
2	X1	停止 SB2	2	Y2	方向信号输出
3	X2	脱机 SB3	3	Y3	脱机信号输出
4	X3	原点位置 SQ1			

（2）画出系统连接图

工作台移动装置系统连接如图 3 – 3 – 7 所示。

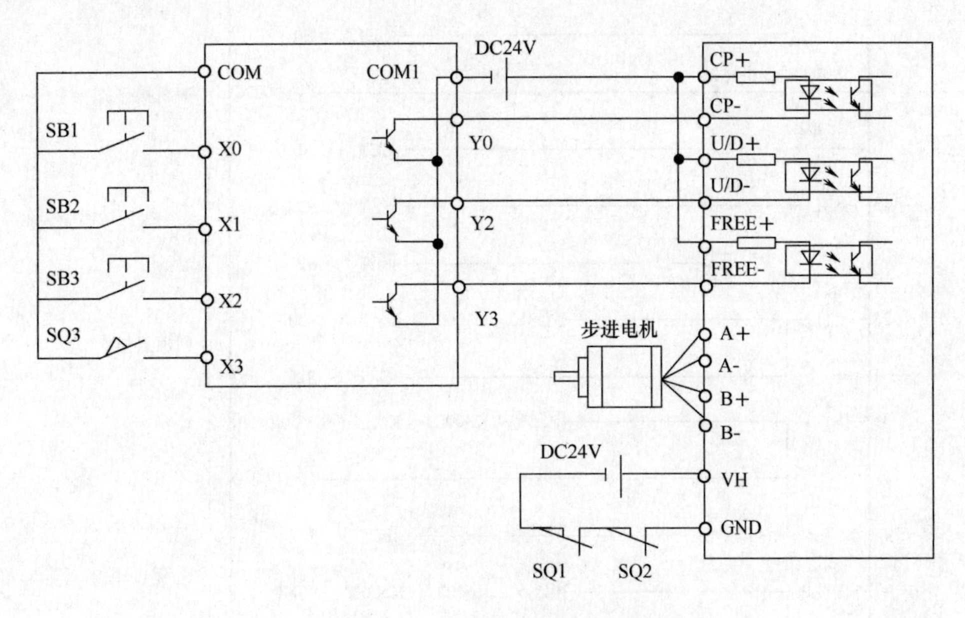

图 3 – 3 – 7　工作台移动装置系统连接图

（3）PLC 控制程序

工作台运行控制程序如图 3 – 3 – 8 所示。

【任务计划】

经小组讨论后，制定出以下任务实施方案：

1. 画出 PLC 的 I/O 分配表

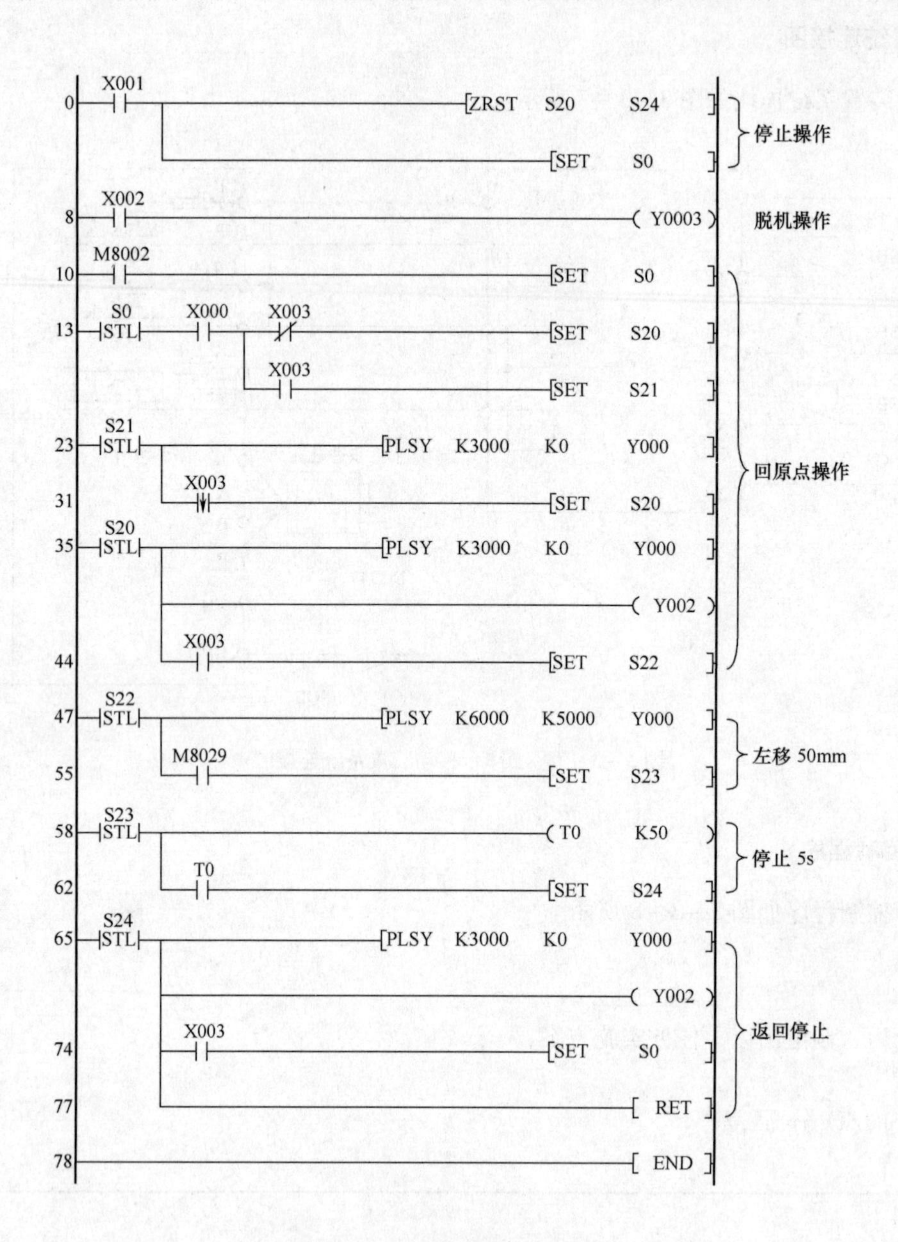

图 3－3－8　工作台运行控制程序

2. 写出搬运机械手的安装接线步骤以及画出接线示意图

注意：机械手行程中设有左右两个极限位置开关，当运行时碰合其中一个极限位置开关时，机械手立即停止，接线、编程及调试时应注意。

安装及接线步骤	画出搬运机械手的接线示意图	教师审核

3. 搬运机械手的运行程序设计

4. 填写调试步骤

调试步骤	描述该步骤下会出现的现象	教师审核
(1)		
(2)		
(3)		
(4)		
(5)		
(6)		
(7)		
(8)		

提醒　计划内容若超出以上表格或画图区范围，可自行续表或扩大画图区。

【任务实施】

以下为参考步骤，各小班可参照实施，也可按本组计划方案合理执行。

1. 准备工具及材料

为完成工作任务，每个工作小组需要填表向工作岛内仓库工作人员借用工具及领取材料。如表3－3－3,表3－3－4所示。

表3－3－3　　________工作岛借用工具清单

名称	数量	规格	单位	借出时间	借用人签名	归还时间	归还人签名	管理员签名

表3－3－4　　________工作岛领取材料清单

名称	规格型号	单位	申领数量	实发数量	归还时间	归还人签名	管理员签名

2. 任务实施前的相关检查

检查项目	标准状态	当前状态	处理方法	教师审核
工作岛总电源	断开			
相关端子及接线	良好			
各部件安装	牢固			
所需工具材料	齐全			

3. 接线操作

参照接线图，完成 PLC、步进驱动器和步进电动机的连接；端子与导线应可靠连接，切勿松动。认真细心进行接线操作，切勿麻痹大意；接线完毕后要认真检查，杜绝出现错接漏接。

参见【相关知识】、【任务计划】中第 1、第 2 点内容。

4. 编写控制程序

打开计算机，运行 GX Developer 编程软件，编写控制程序。

参见【任务准备】以及【任务计划】中第 1 点内容。

5. 根据任务控制要求进行调试

经老师审阅同意后，接通工作岛电源，并进行调试操作，操作时严格遵守安全操作规则，结合任务要求，任务计划完成调试操作。

参见【任务要求】以及【任务计划】1 ~ 3 点内容。

6. 将你的任务实施过程与其他组（员）进行对比，如发现差异，在组内和组外进行充分的讨论，取长补短，对你在任务实施过程存在不足的地方加以改正完善

注意事项：

（1）必须在教师指导下进行实操。

（2）实操过程遵守安全用电规则，注意人身安全。

（3）根据电路图正确接线。

【任务评价】

（1）各小组派代表展示接线图和控制程序（利用投影仪），并解析程序含义及作用。

（2）各小组派人展示搬运机械手的运行效果，接受全体同学的检阅。

（3）其他小组提出的改进建议

___

___

___

___

___

___

___

___

___

（4）学生自我评估与总结

（5）小组评估与总结

（6）教师评价（根据各小组学生完成任务的表现，给予综合评价，同时给出该工作任务的正确答案供学生参考）

（7）“6S”处理

所有测试完毕后，检测工作台设备各种功能是否正常，关闭技能岛总电源，拆线，清点工具及实习材料，维护保养仪器设备，确保其工作在最佳工作状态，并对工作岗位进行整理清扫，归还所借的工量具和实习工件。

（8）评价表

表 3-3-5　任务评价表

<table>
<tr><td colspan="2">班级：
小组：
姓名：</td><td colspan="6">任务名称：搬运机械手的运行控制
学习任务名称：利用步进驱动系统实现机械手的定位控制
指导教师：
日期：</td></tr>
<tr><td rowspan="2">评价项目</td><td rowspan="2">评价标准</td><td rowspan="2">评价依据</td><td colspan="3">评价方式</td><td rowspan="2">权重</td><td rowspan="2">得分小计</td></tr>
<tr><td>学生自评 20%</td><td>小组互评 30%</td><td>教师评价 50%</td></tr>
<tr><td>职业素养</td><td>1. 遵守企业规章制度、劳动纪律
2. 按时按质完成工作任务
3. 积极主动承担工作任务，勤学好问
4. 人身安全与设备安全
5. 工作岗位 6S 完成情况</td><td>1. 出勤
2. 工作态度
3. 劳动纪律
4. 团队协作精神</td><td></td><td></td><td></td><td>0.3</td><td></td></tr>
<tr><td>专业能力</td><td>1. 掌握步进驱动器的细分设置
2. 掌握步进驱动器保护电流设置
3. 掌握 PLSY、PLSR 脉冲输出指令的应用及定位控制编程方法</td><td>1. 操作的准确性和规范性
2. 工作页或项目技术总结完成情况
3. 专业技能任务完成情况</td><td></td><td></td><td></td><td>0.5</td><td></td></tr>
<tr><td>创新能力</td><td>1. 在任务完成过程中能提出自己的有一定见解的方案
2. 在教学或生产管理上提出建议，具有创新性</td><td>1. 方案的可行性及意义
2. 建议的可行性</td><td></td><td></td><td></td><td>0.2</td><td></td></tr>
<tr><td>合计</td><td colspan="7"></td></tr>
</table>

【技能拓展】

某厂自动喷漆作业系统如图 3－3－9 所示，该系统由步进系统、传感器、传送带、喷头等结构组成。工件为正方体 100mm×100mm×20mm 铝块，工件之间的间隔为 10mm；传送带运动及喷头的左右移动均由步进电机带动，传送带电机旋转一圈传送带走一工件位；喷头电机旋转一周喷头移动 5mm。SQ1、SQ4 为左右极限，SQ2 为喷头原点（对准第一个工件的正中心），SQ3 为喷头终点（对准第三个工件的正中心）。工作时传送带每走一工件位，步进电机带动喷头从左往右逐个对工件进行喷漆，每个工件的喷漆时间 3s，不断循环工作。

请同学们查找相关资料完成该作业系统的设计。

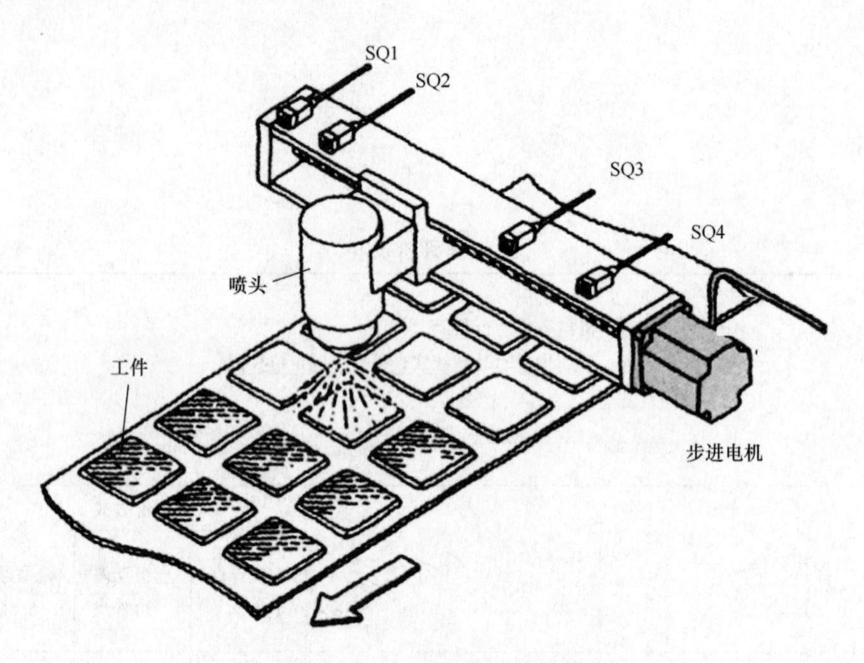

图 3－3－9　自动喷漆作业系统

更多资讯请参考：

◆《三菱伺服驱动器 MR－J3－A 手册》

◆ 中国工控网 http：//www. gongkong. com/

学习任务四　搬运机械手的应用设计

【任务描述】

药粒自动瓶装系统中的搬运机械手主要由 PLC 的特殊功能模块 FX2N－1PG、步进驱动器、步进电动机和气动控制系统实现运行控制，具有抓取、放松、上升、下降和 180°回旋功能，并能沿丝杆导轨做左右水平移动，将成品药瓶准确送到仓库各站点。

搬运机械手控制流程图如图 3－4－1。

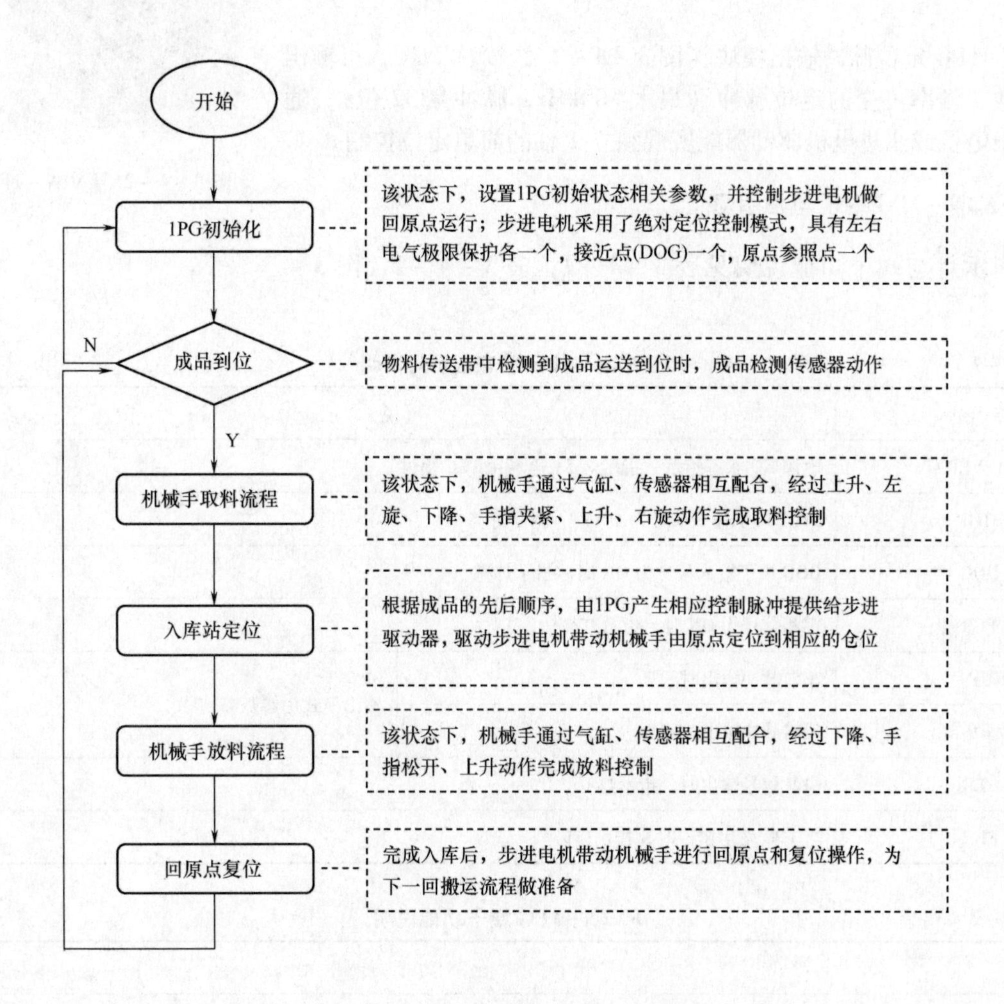

图 3－4－1　搬运机械手控制流程图

【任务要求】

1. 根据控制要求完成系统接线。
2. 正确设置步进驱动器的细分数和保护电流。
3. 利用定位模块（FX2N－1PG）发出位置脉冲实现定位控制，运用 FROM、TO 指令编写控制程序。
4. 以小组为单位，在小组内通过分析、对比、讨论决策出最优的实施步骤方案，由小组长进行任务分工，完成搬运机械手的运行调试。

【能力目标】

1. 能理解步进驱动器、步进电机的工作原理，掌握系统接线。
2. 会 FX2N－1PG 定位模块的应用和控制程序的编写。
3. 能根据控制任务完成系统调试。
4. 培养创新改造、独立分析和综合决策能力。
5. 培养团队协作、与人沟通和正确评价能力。

【任务准备】

1. 定位脉冲输出模块 FX2N－1PG

图 3－4－2　FX2N－1PG 实物

FX2N－1PG 定位脉冲输出模块（图 3－4－2），简称 PGU，可输出一相脉冲数、频率可变的定位脉冲（最大 100kHz，脉冲量 32 位），通过连接伺服电机或步进电机驱动器能实现独立 1 轴的简单定位控制。

（1）FX2N－1PG 端子与指示灯

状态指示灯与端子功能说明见表 3－4－1，表 3－4－2，图 3－4－3。

表 3－4－1　FX2N－1PG 状态指示灯说明

指示灯	说明	
POWER	电源 NO 状态指示；指示灯 5V 电源由 PLC 提供	
STOP	STOP 端子输入信号为 ON 时，指示灯亮	
DOG	DOG 端子输入信号为 ON 时，指示灯亮	
PG0	零相信号为 ON 时，指示灯亮	
FP	正转脉冲输出时闪烁	输出模式由参数#3 定义
RP	反转脉冲输出时闪烁	
CLR	CLR 信号输出时，指示灯亮	
ERR	当 1PG 发生错误时，指示灯闪烁	

表 3－4－2　FX2N－1PG 端子功能说明

端子	功能
SG	信号接地点与电源 0V 连接
STOP	减速停止输入点 外部停止指令操作输入点
DOG	不同模式时，具有下列功能： ·机械原点复位模式时为近点信号输入端 ·中断插入 1 速度位置定位模式时为中断插入信号输入端 ·外部信号定位模式时为减速开始输入点
S/S	STOP 及 DOG 输入端的电源 24V DC 输入端连接传感器电源，由 PLC 或由外部电源供应
PG0＋	零相信号之电源输入端，连接驱动器或外部电源（5～24V DC，35mA）

续表

端子	功　能
PG0 -	由驱动器输出之零相信号输入端
VIN	脉冲输出的电源输入端，连接驱动器或外部电源供应器（5~24V DC，35mA）
FP	正转脉冲输出端（100kHz，20mA，5~24V DC）
COM0	正反转脉冲共节点
RP	反转脉冲输出端（100kHz，20mA，5~24V DC）
COM1	CLR 输出端共节点
CLR	计数器清零输出端，脉冲输出宽度：20ms；当原点复位完成或触动极限位开关时，输出 5~24V DC，20mA

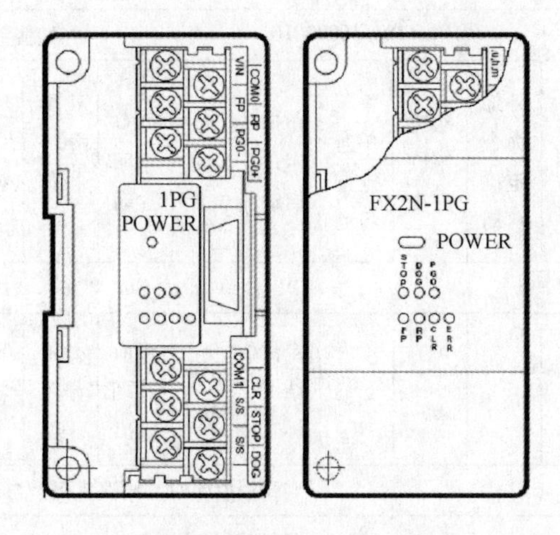

图 3-4-3　FX2N-1PG 端子与状态指示灯示意图

（2）缓冲寄存器（BFM）编号及内容

为了方便实现 PLC 对模块的控制，在三菱 PLC 的特殊功能模块中专门设置了用于 PLC 与模块进行信息交换的缓冲区（Buffer Memory，简称 BFM）。BFM 包括模块控制位号、模块参数等控制条件、工作状态信息、运算、处理结果、出错状态等内容。BFM 编号及内容如表 3-4-3 所示。

表 3-4-3　　FX2N-1PG 缓冲寄存器（BFM）的编号及内容

BFM 编号		说　明																读写操作
高位	低位	b15	b14	b13	b12	b11	b10	b9	b8	b7	b6	b5	b4	b3	b2	b1	b0	
-	#0	电机转一圈所需脉冲数（脉冲速率）					A	1~32767PLS/REV				初始值：2000PLS/REV						R/W
#2	#1	电机转一圈的移动距离（进给速率）					B	1~999999				初始值：1000PLS/REV						
-	#3	STOP 输入模式	STOP 输入极性	开始计数点	DOG 输入极性	-	原位返回方向	旋转方向	脉冲输出格式	-	-	定位数据倍数 10^0~10^3		-	-	系统单位		
#5	#4	最大速度					V_{max}　10~100000Hz					初始值：100000 Hz						
-	#6	启动速度（基速）					V_{via}　0~1000Hz					初始值：0 Hz						
#8	#7	JOG 速率					V_{JOG}　10~100000Hz					初始值：10000 Hz						
#10	#9	原点返回高速速率					V_{RT}　10~100000Hz					初始值：50000Hz						

续表

BFM 编号		说　明																读写操作
高位	低位	b15	b14	b13	b12	b11	b10	b9	b8	b7	b6	b5	b4	b3	b2	b1	b0	
–	#11	原点返回爬行速率					V_{CR}　10 ~ 100000Hz					初始值：1000Hz						
–	#12	用于原点返回的 0 点信号数目					N　0 ~ 32767PLS					初始值：10 PLS						
#14	#13	原点位置					HP　0 ~ ±999999					初始值：0						
–	#15	加速/减速时间					T_a　50 ~ 5000ms					初始值：100ms						
–	#16	保留																
#18	#17	设置位置 1					P_1　0 ~ ±999999					初始值：0						
#20	#19	操作速率 1					V_1　10 ~ 100000Hz					初始值：10Hz						
#22	#21	设置位置 2					P_2　0 ~ ±999999					初始值：0						
#24	#23	操作速率 2					V_2　10 ~ 100000Hz					初始值：10Hz						
–	#25	–	–	–	变速操作启动	外部命令定位启动	双速定位启动	中断单速定位启动	单速定位启动	相对/绝对位置	原点返回启动	JOG – 操作	JOG + 操作	反向脉冲停止	正向脉冲停止	停止	错误复位	R/W
#27	#26	当前位置							CP　自动写入 – 2147483648 ~ 2147483648									
–	#28	–	–	–	–	–	–	–	定位结束标志	错误标志	当前位置值溢出	PG0 输入 ON	DOG 输入 ON	STOP 输入 ON	原位返回结束	正/反向旋转状态	准备好	
–	#29	错误代码							当错误发生时，错误代码被自动写入									
–	#30	样式代码							“5110”被自动写入									
–	#31	保留																

FX2N – 1PG 模块作为 PLC 特殊功能模块，其数据参数设置及操作指令都必须通过 BFM 来设置，1PG 模块内有#0 ~ #31 共 32 个数据寄存器，由它们组成缓冲寄存器，每一寄存器长度为 16 bit；部分参数必须使用 32 bit 数据，因此要使用两个相连编号的数据寄存器。

（3）FROM 和 TO 指令说明

要想将数据写入缓冲寄存器（BFM），必须先了解 PLC 与 1PG 的体系结构关系。FX2N – 1PG 是独立于 PLC 主机外的扩充模块，以数据总线连接。模块依据安装位置先后自动设为 K0 ~ K7 编号地址，所以必须有特殊的 PLC 数据写入指令，再配合时序及逻辑控制写入 FX2N – 1PG 寄存器内。图 3 – 4 – 4 为 PLC、1PG、步进驱动器、步进电机的体系结构关系。

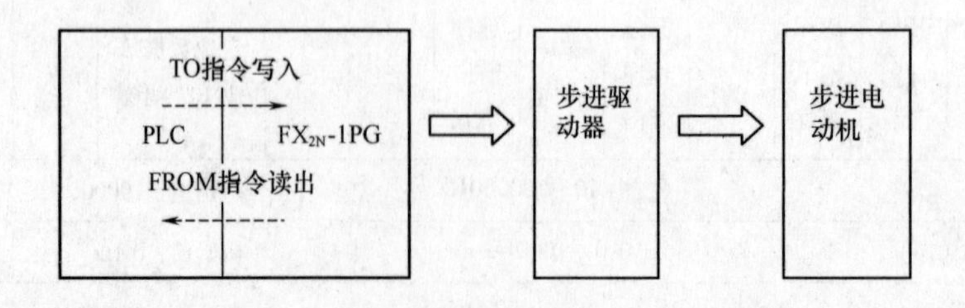

图 3 – 4 – 4　PLC、1PG、步进驱动器、步进电机的体系结构关系

1）FROM 指令

图 3－4－5 为 FROM 指令格式。

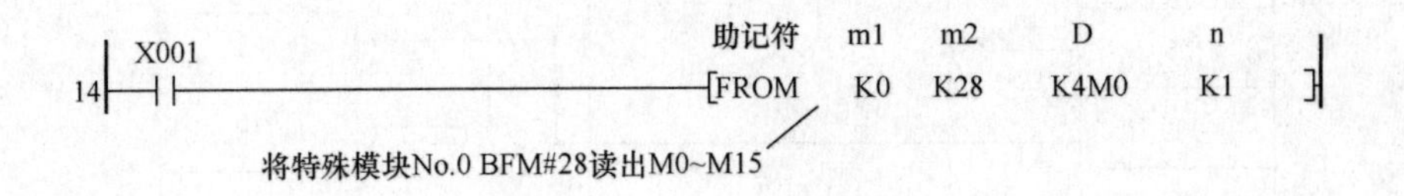

图 3－4－5　FROM 指令格式

m1：特殊模块号码（从接近 FX2N 主机开始算，K0～K7 编号）。

m2：BFM 编号（m2＝K0K31）。

D：读出 BFM 数据后传送的目标，可指定 T，C，D，KnX，KnM，KnY，KnS，V，Z。

n：读出组数（n＝K1～K32，如果是 32 位指令则 n＝K1～K16）。

X1＝OFF：指令不被执行。

2）T0 指令

图 3－4－6 为 T0 指令格式。

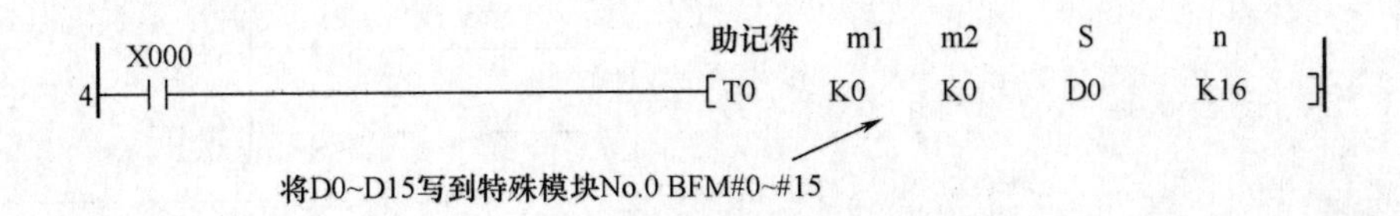

图 3－4－6　T0 指令格式

m1：特殊模块号码（从接近 FX2N 主机开始算，K0～K7）。

m2：BFM 编号（m2＝K0～K31）。

S：要发送至 BFM 的数据，可指定 T，C，D，KnX，KnM，KnY，KnS，V，Z，K，H，也可使用间接指定。

n：写入组数（n＝K1～K32，如果是 32 位指令则 n＝K1～K16）。

X0＝OFF：指令不被执行。

2. 定位模块 1PG 与步进驱动器的接线示范

定位模块 1PG 与步进驱动器接线示意图，见图 3－4－7。

定位模块 1PG 与步进驱动器实物接线图，见图 3－4－8。

3. 搬运机械手运行程序设计举例

应用举例：利用 1PG 特殊功能模块、步进驱动器、步进电动机驱动搬运机械手完成回原点及 1 个位置的定位控制。

（1）步进驱动器的参数设置

1）电流参数：1A。

2）细分数设置：拨码 101，细分数 10，电机步距角 0.18°，机械手步距角 0.00775°，机械手每转 1°需 129 个脉冲。

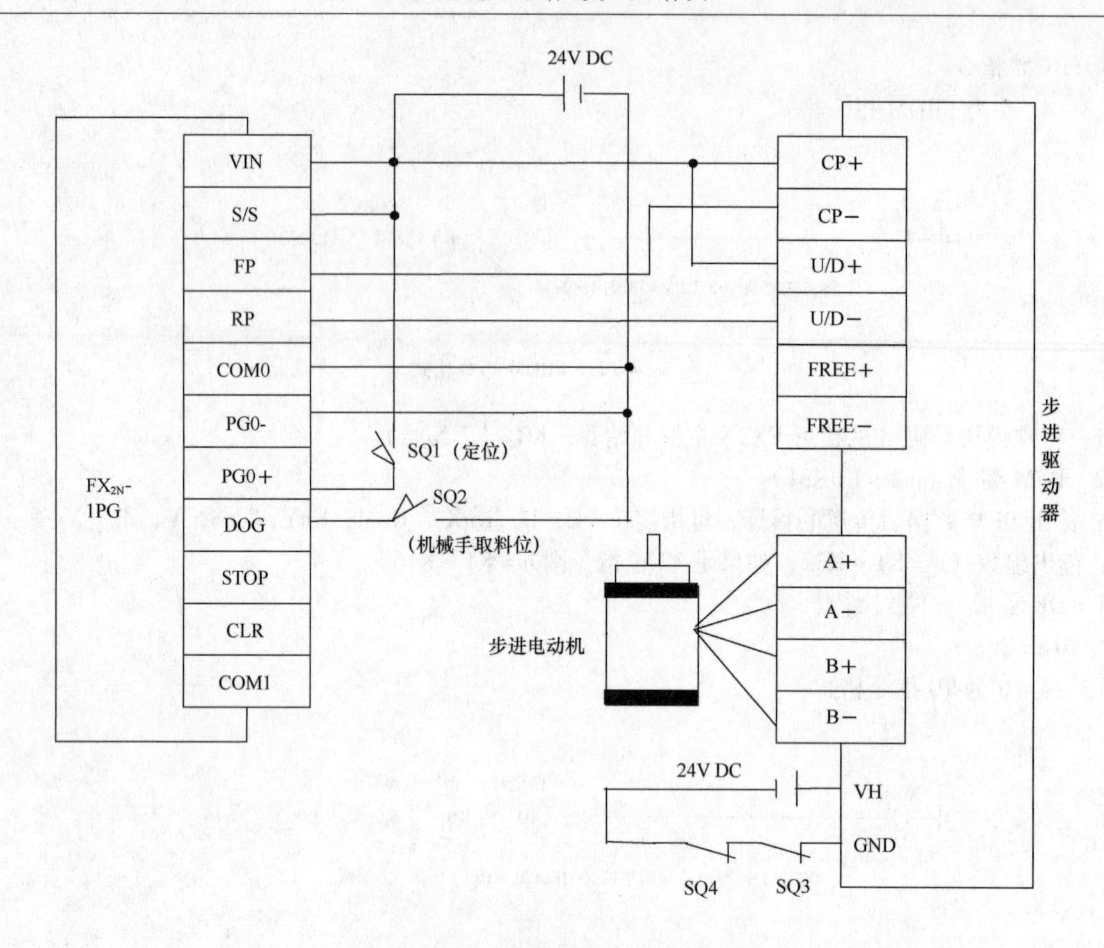

图 3－4－7　1PG 与步进驱动器接线示意图

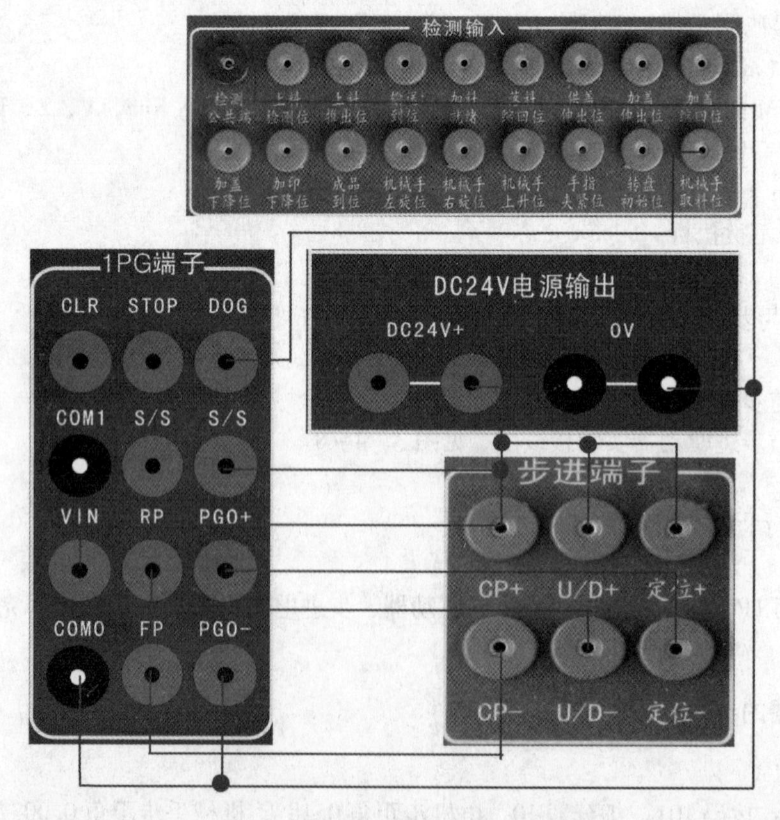

图 3－4－8　1PG 与步进驱动器实训面板接线图

（2）搬运机械手运行程序设计

1）1PG 初始设置　如图 3 - 4 - 9 所示。

M8002
2
[T0 K0 K3 H100 K1]
设置输出脉冲格式
[DT0 K0 K9 K8000 K1]
设置原点返回速度（高速）
[T0 K0 K11 K3000 K1]
设置原点返回速度（爬行）
[T0 K0 K12 K1 K1]
设置0点信号数目
[DT0 K0 K15 K3000 K1]
设置加减速时间
[DT0 K0 K19 K8000 K1]
设置运行速度(1)
[T0 K0 K25 K40 K1]
启动原点返回

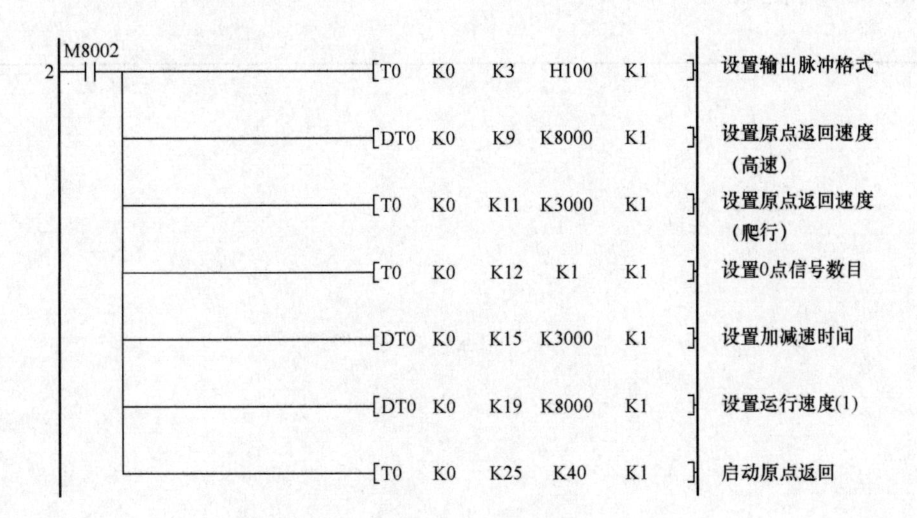

图 3 - 4 - 9　1PG 初始设置程序

2）运行状态读出　如图 3 - 4 - 10 所示。

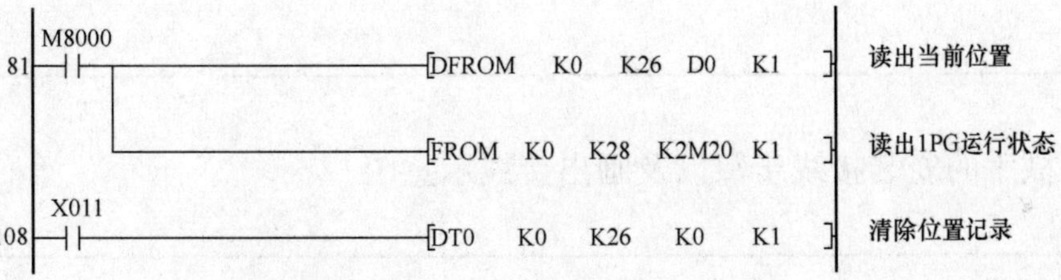

M8000
81
[DFROM K0 K26 D0 K1]
读出当前位置
[FROM K0 K28 K2M20 K1]
读出1PG运行状态
X011
108
[DT0 K0 K26 K0 K1]
清除位置记录

图 3 - 4 - 10　1PG 运行状态读出程序

3）定位运行　如图 3 - 4 - 11 所示。

M8000
126
[T0 K0 K25 K4M0 K1]
运行控制
M8002
136
[DMOV K14000 D2]
存放定位脉冲
X000
146
[DT0 K0 K17 D2 K1]
输入定位脉冲
(M8)
启动运行

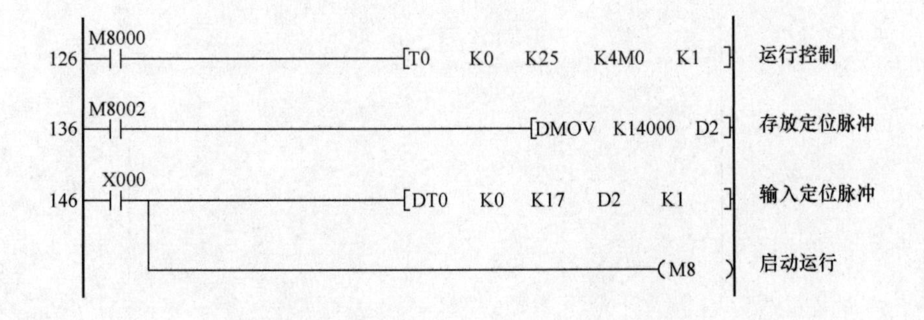

图 3 - 4 - 11　1PG 定位运行程序

【任务计划】

经小组讨论后，制定出以下任务实施方案：

1. 画出 PLC 的 I/O 分配表

2. 写出搬运机械手的安装接线步骤以及画出接线示意图

安装及接线步骤	画出搬运机械手的接线示意图	教师审核

3. 搬运机械手的运行程序设计

4. 填写调试步骤

调试步骤	描述该步骤下会出现的现象	教师审核
(1)		
(2)		
(3)		
(4)		
(5)		
(6)		
(7)		
(8)		

【任务实施】

以下为参考步骤，各小班可参照实施，也可按本组计划方案合理执行。

1. 准备工具及材料

为完成工作任务，每个工作小组需要填表向工作岛内仓库工作人员借用工具及领取材料。如表3-4-4，表3-4-5所示。

表3-4-4　　________工作岛借用工具清单

名称	数量	规格	单位	借出时间	借用人签名	归还时间	归还人签名	管理员签名

表 3-4-5 ________工作岛领取材料清单

名称	规格型号	单位	申领数量	实发数量	归还时间	归还人签名	管理员签名

2. 对驱动技能岛搬运机械手模块上的相关部件进行安装

安装时注意各部件的安装位置是否正确，螺钉需配合螺母和垫片并拧紧，以免松动。金属部件需可靠接地。

3. 接线操作

参照接线图，完成 PLC、1PG、步进驱动器和步进电动机的连接；端子与导线。

应可靠连接，切勿松动。认真细心进行接线操作，切勿麻痹大意；接线完毕后要认真检查，杜绝出现错接漏接。

参见【任务准备】以及【任务计划】中第 1、第 2 点内容。

4. 通电前检查

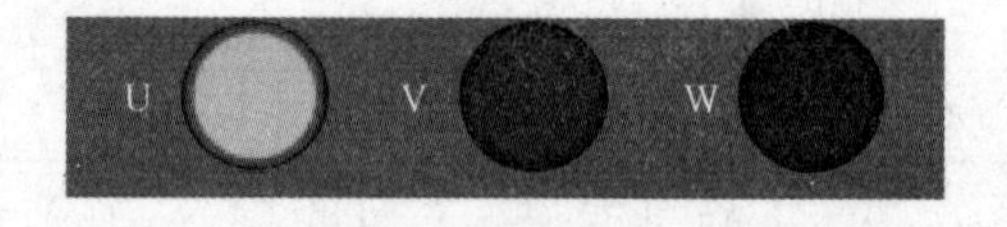

图 3-4-12 三相电源指示灯

1）电源检查 主控台控制供电后，三相电源指示灯 U、V、W 对应的黄、绿、红指示灯正常光亮。如图 3-4-12 所示。

2）气路检查 打开气阀，调整气流通量，气压应在 2MPa 以上，观察气路是否通畅，有没有漏气或堵塞。

5. 设置步进驱动器的细分和电流保护功能

参见【任务准备】第 3 点内容、步进驱动器面板标牌、学习任务三中【任务准备】内容。

6. 接通电源（经带班老师批准），编写 PLC 控制程序，并下载到 PLC。

参见【任务准备】以及【任务计划】中第 3 点内容。

7. 根据任务控制要求进行调试

经老师审阅同意后，方可进行调试操作，操作前，应检查 PLC、1PG 定位模块、步进驱动器、步进电机之间的连接是否良好，接线是否正确，操作时严格遵守安全操作规则，结合任务要求，完成调试操作。

参见【任务要求】以及【任务计划】中第4点内容。

8. 将你的任务实施过程与其他组（员）进行对比，如发现差异，在组内和组外进行充分的讨论，取长补短，对你在任务实施过程存在不足的地方加以改正完善

注意事项：

（1）必须在教师指导下进行实操。

（2）实操过程遵守安全用电规则，注意人身安全。

（3）根据电路图正确接线。

思考

试描述一下增大或减小步进驱动器的细分数，步进电动机将发生怎样的变化。

【任务评价】

（1）各小组派代表展示接线图和控制程序（利用投影仪），并解析程序含义及作用。

（2）各小组派人展示搬运机械手的运行效果，接受全体同学的检阅。

（3）其他小组提出的改进建议

（4）学生自我评估与总结

（5）小组评估与总结

（6）教师评价（根据各小组学生完成任务的表现，给予综合评价，同时给出该工作任务的正确答案供学生参考）

（7）"6S"处理

所有测试完毕后，检测工作台设备各种功能是否正常，关闭技能岛总电源，拆线，清点工具及实习材料，维护保养仪器设备，确保其工作在最佳工作状态，并对工作岗位进行整理清扫，归还所借的工量具和实习工件。

（8）评价表

表 3-4-6　　任务评价表

班级： 小组： 姓名：	任务名称：搬运机械手的运行控制 学习任务名称：搬运机械手的应用设计 指导教师： 日期：						
评价项目	评价标准	评价依据	评价方式			权重	得分小计
			学生自评 20%	小组互评 30%	教师评价 50%		
职业素养	1. 遵守企业规章制度、劳动纪律 2. 按时按质完成工作任务 3. 积极主动承担工作任务，勤学好问 4. 人身安全与设备安全 5. 工作岗位6S完成情况	1. 出勤 2. 工作态度 3. 劳动纪律 4. 团队协作精神				0.3	
专业能力	1. 了解 FX_{2N} -1PG 定位模块原理及作用 2. 掌握 FX_{2N} -1PG 定位模块与步进驱动器的接线 3. 掌握步进驱动器的细分和保护电流设置 4. 根据控制要求完成控制程序的编写并调试	1. 操作的准确性和规范性 2. 工作页或项目技术总结完成情况 3. 专业技能任务完成情况				0.5	
创新能力	1. 在任务完成过程中能提出自己的有一定见解的方案 2. 在教学或生产管理上提出建议，具有创新性	1. 方案的可行性及意义 2. 建议的可行性				0.2	
合计							

【技能拓展】

某企业生产系统中，要求对某种成圈的线材按固定长度裁开，滚轴的周长是500mm，滚轴控制电机为步进电动机，裁剪的长度分为1m、5m、10m可选，切刀裁切1次的时间是1s。试利用步进控制技术设计这一系统。如图3－4－13所示。

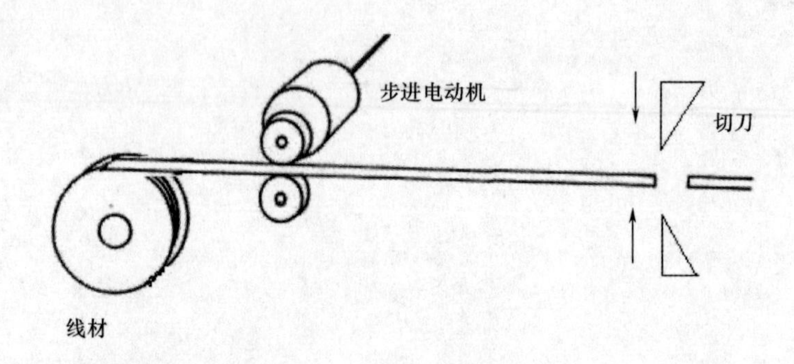

图3－4－13　线材裁剪控制示意图

设步进驱动器的参数为：

1）电流参数：1A。

2）细分数设置：拨码101，细分数10，电机步距角0.18°，机械手步距角0.00775°，机械手每转1°需129个脉冲。

更多资讯请参考：

◆《FX系列特殊功能模块用户手册》

◆《步进电机及驱动器使用手册》

◆ 中国工控网 http：//www. gongkong. com/

任务四　圆形转盘加工台的运行控制

工作情景：

客户（甲方）：

我药厂新产品即将投产，需要对原有的圆形转盘加工台进行升级改造，以满足生产需要，请贵公司协助完成设备改造工程。

某公司营销部经理（乙方）：

该药厂为增加新产品投产，需要圆形转盘工作台，此工作台需具备定位功能，并且增加了几道工序（导装、加盖、加印等）。为保证客户与我公司的长期合作关系，请研发部马上着手设计改造，并在3日内拿出初步设计方案与乙方协商。

学习任务一　认识伺服系统

【任务描述】

从20世纪70年代后期到20世纪80年代，随着集成电路、电力电子技术和交流可变速驱动技术的发展，以及微处理技术、大功率高性能半导体功率器件技术和电动机永磁材料制造工艺的发展及性能价格比的日益提高，永磁交流伺服驱动技术有了突出的发展，交流伺服驱动技术已经成为工业领域实现自动化的基础技术之一。

【任务要求】

1. 完成伺服驱动器与输入电源、伺服驱动器与伺服电动机之间的导线连接。
2. 完成伺服驱动器试运行调试。
3. 以小组为单位，在小组内通过分析、对比、讨论决策出最优的实施步骤方案，由小组长进行任务分工，完成工作任务。

【能力目标】

1. 能认识伺服系统、了解伺服驱动器、伺服电动机的基本结构及原理。
2. 会伺服系统的相关接线。
3. 能完成伺服驱动器试运行调试。
4. 培养创新改造、独立分析和综合决策能力。
5. 培养团队协作、与人沟通和正确评价能力。

【任务准备】

伺服系统是使物体的位置、方位、状态等输出被控量能够跟随输入目标（或给定值）的任意变化的自动控制系统。它的主要任务是按控制命令的要求、对功率进行放大、变换与调控等处理，使驱动装置输出的力矩、速度和位置的控制非常灵活方便。

电气伺服控制系统是一种能够跟踪输入的指令信号进行动作，从而获得精确的位置、速度及动力输出的自动控制系统。如防空雷达控制就是一个典型的伺服控制过程；加工中心的机械制造过程也是伺服控制过程，位移传感器不断地将刀具进给的位移传送给计算机，通过与加工位置目标比较，计算机输出继续加工或停止加工的控制信号。绝大部分机电一体化系统都具有伺服功能，系统中的伺服控制是为执行机构按设计要求实现运动而提供控制和动力的重要环节。

伺服驱动系统分为伺服驱动器及伺服电机两部分。小型交流伺服电机一般采用永磁同步电机作为动力源，也有采用直流电机为动力源的伺服电机，但目前已较少应用。早期由于直流电机的调速性能比交流电机的调速性能好，因此普遍采用直流电机作为动力源。由于现代变频技术的发展，交流电机的调速性能已接近直流电机的调速性能，考虑到直流电机存在不易保养的特点，因此，在某些场合下直流电机已渐渐被交流电机所替代。图4－1－1为伺服驱动系统结构图。

1. 伺服电机

伺服电机是伺服系统中控制机械元件运转的电力驱动装置。伺服电机可以非常准确地控制速度和位置精度，可以将电压信号转化为转矩和转速以驱动控制对象。伺服电机在自动控制系统中，用作执行元

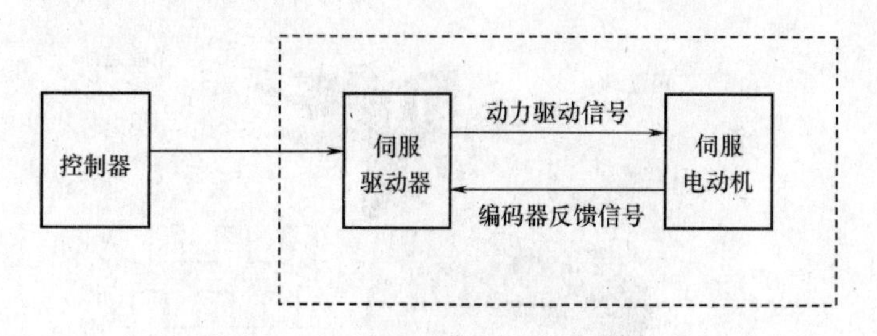

图 4－1－1　伺服驱动系统结构图

件，把所收到的电信号转换成电动机轴上的角位移或角速度输出。分为直流和交流伺服电动机两大类，其主要特点是，当信号电压为零时无自转现象，转速随着转矩的增加而匀速下降。交流伺服电机外观部件说明如图 4－1－2 所示。

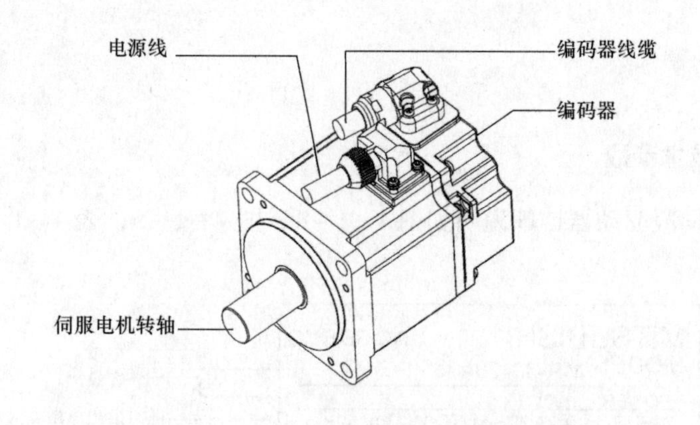

图 4－1－2　交流伺服电机外观部件说明

交流伺服电动机定子的构造基本上与电容分相式单相异步电动机相似。有定子和转子，其定子上装有两个位置互差 90°电气角的绕组，一个是励磁绕组 R*f*，它始终接在交流电压 U*f* 上；另一个是控制绕组 L，联接控制信号电压 Uc。所以交流伺服电动机又称两个伺服电动机。

交流伺服电动机的转子通常做成鼠笼式，为了使伺服电动机具有较宽的调速范围、线性度较好的机械特性、无“自转”现象和快速响应等性能，因此它与普通电动机相比，具有转子电阻大（消除自转）和转动惯量小这两个特点。

交流伺服电动机在没有控制电压时，定子内只有励磁绕组产生的脉动磁场，转子静止不动。当有控制电压时，定子内便产生一个旋转磁场，转子沿旋转磁场的方向旋转，在负载恒定的情况下，电动机的转速随控制电压的大小而变化，当控制电压的相位相反时，伺服电动机将反转。

2. 编码器

为了达到伺服的目的，在电机输出轴同轴装有编码器。电机与编码器为同步旋转，电机转一圈编码器也转一圈；转动的同时将编码信号送回驱动器，驱动器根据编码信号判断伺服电机转向、转速、位置是否正确，据此调速驱动器输出电源频率及电流大小。也可采用被称为角传感器的元件，但其目的相同，对用户而言无甚差异。

编码器主要由码盘、发光管、光敏元件、放大整形电路等组成。反馈的脉冲信号的 A 相与 B 相相位相差 90°，分别代表正转及反转，A 相和 B 相脉冲决定着伺服电机转速或位置的分辨率。反馈的脉冲信号 Z 相，或称为 C 相、零相脉冲，电机每转 1 圈产生 1 个零相脉冲，主要用于伺服电机原点复位的参考定位。编码器结构原理图如图 4－1－3 所示。

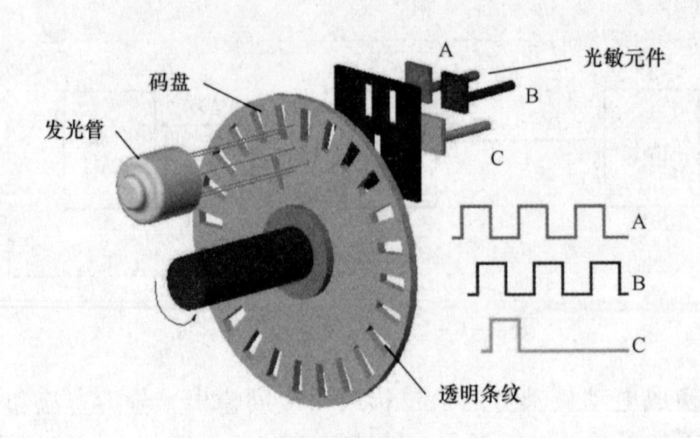

图 4－1－3　编码器结构原理图

3. 伺服驱动器

（1）伺服驱动器的技术参数

三菱 MR－J3－20A 伺服驱动器铭牌说明如图 4－1－4、图 4－1－5，表 4－1－1 所示。

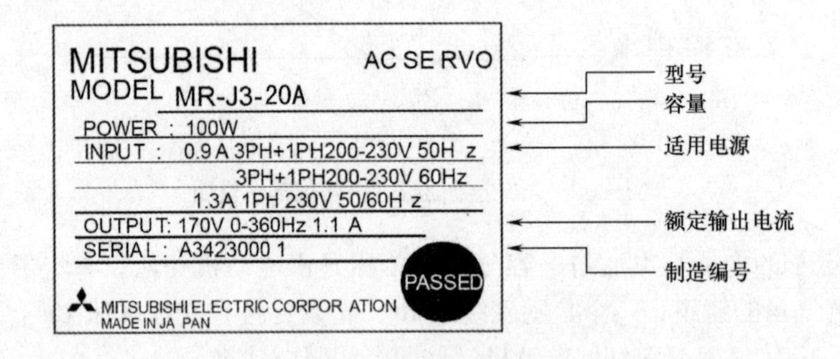

图 4－1－4　三菱伺服驱动器铭牌说明

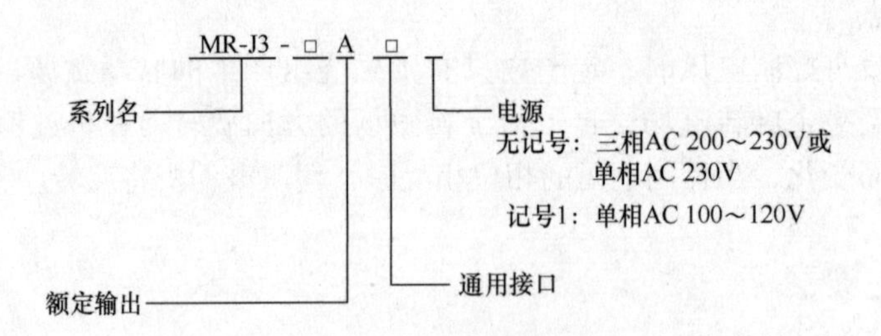

图 4－1－5　三菱伺服驱动器型号说明

表 4－1－1　三菱伺服驱动器铭牌

记号	额定输出 kW	记号	额定输出 kW	记号	额定输出 kW	记号	额定输出 kW
10	0.1	60	0.6	200	2	700	7
20	0.2	70	0.75	300	3.5		
40	0.4	100	1	500	5		

（2）伺服驱动器接口与显示操作部分介绍

三菱 MR－J3－20A 接口外观如图 4－1－6 所示，操作及显示说明如图 4－1－7 所示。

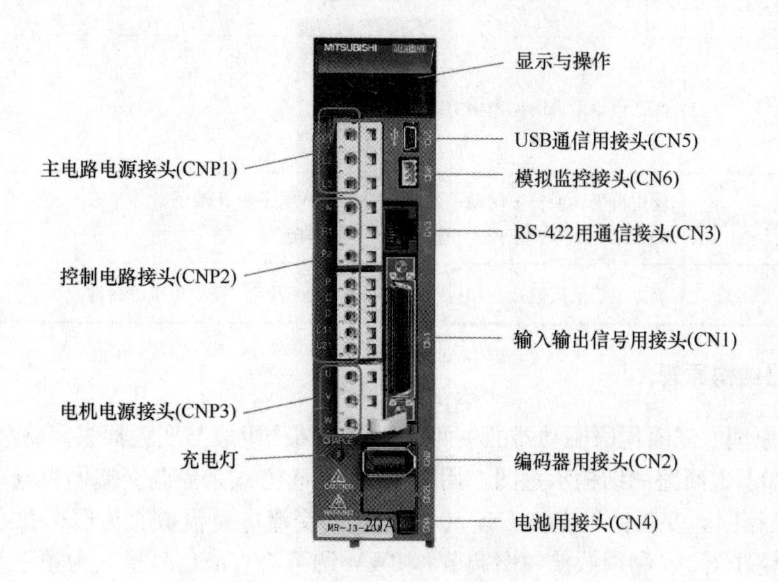

图 4－1－6　三菱 MR－J3－20A 接口外观图

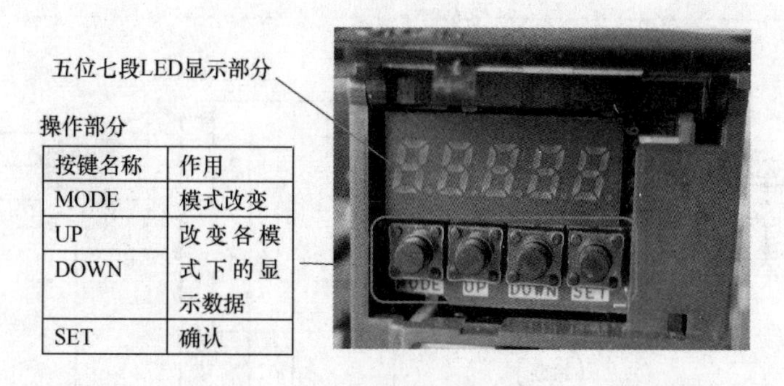

按键名称	作用
MODE	模式改变
UP	改变各模式下的显示数据
DOWN	
SET	确认

图 4－1－7　操作及显示说明

（3）电源相关端子

电源相关端子说明，如表 4－1－2 所示。

表 4－1－2　　电源端子说明

代号	连接目标	说　明
L1 L2 L3	主电路电源	L1、L2、L3 请连接三相 AC200～230V，50/60Hz 或单相 AC230V，50/60Hz。单相 230V 电源供电时，电源请连接 L1、L2，L3 不接
P1 P2	改善功率因数电抗器	1. 不使用改善功率因数电抗器时请连接 P1－P2（出厂时已接好） 2. 使用改善功率因数电抗器时，卸下 P1－P2 间的接线，在 P1－P2 之间连接改善功率因数电抗器
P C D	再生选件	使用伺服放大器内置再生电阻时，请连接 P－D（出厂时已接好） 使用再生选件时，务必卸下 P－D 间的电线，将再生制动选件连接到 P－C 之间

续表

代号	连接目标	说　明
L11 L21	控制电路电源	请供给 L11、L21 单相 AC200～230V 电源
U V W	伺服电机	连接伺服电机的动力端子（U·V·W）
N	再生转换器制动单元	使用再生转换器·制动单元时，请连接 P 端子和 N 端子 MR－J3－350A 以下的伺服放大器不要连接
⏚	保护接地（PE）	伺服电机的接地端子和控制柜的保护接地（PE）端子连接后接地

（4）伺服驱动器结构原理

1）主电路结构原理　三菱伺服驱动器的主回路部分的结构组成与变频器主回路结构相似。图 4－1－8 给出了 MR－J3－20A 主回路的结构示意图。用变频的 PWM 方式来控制交流伺服电动机，交流伺服控制也称为交流伺服变频控制。变频就是先将工频 50～60Hz 的交流电整流成直流电，并通过可控制门极的各类晶体管（IGBT、IGCT 等），利用载波频率调节和 PWM 调节将直流信号逆变为频率可调的波形。由于频率可调，所以伺服电动机的速度就可调。

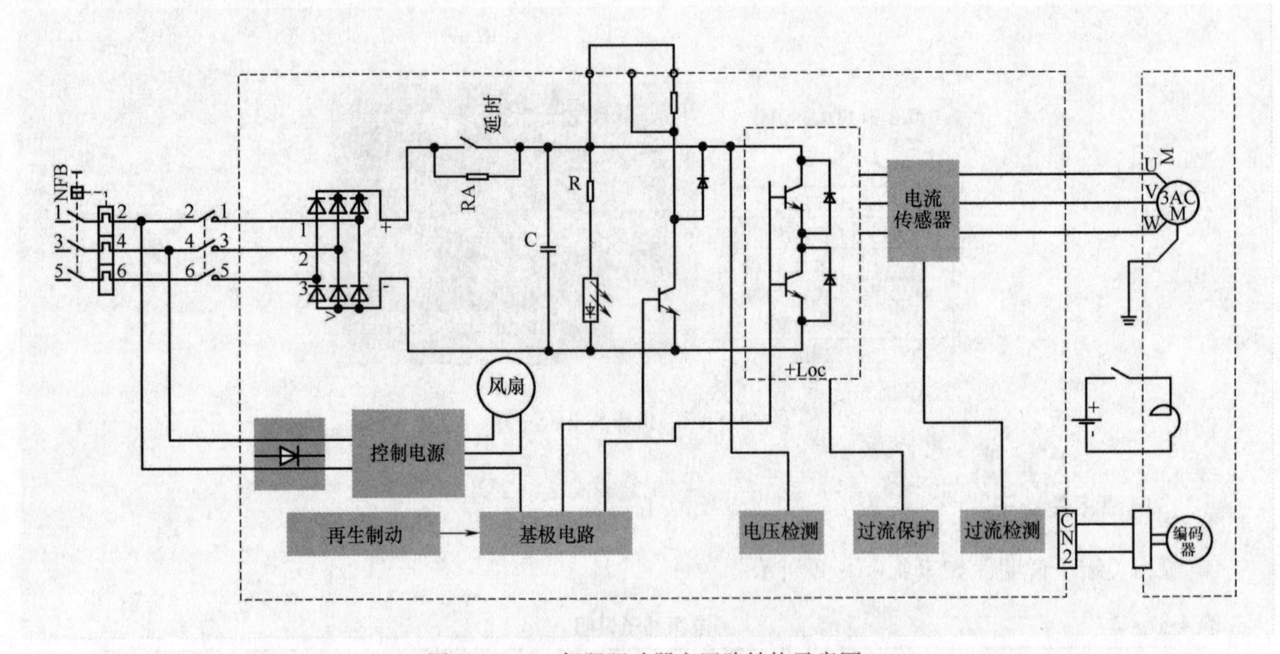

图 4－1－8　伺服驱动器主回路结构示意图

2）控制回路原理　三菱伺服驱动器的控制回路主要为三环控制（图 4－1－9 所示），其中，最内环为电流环，中间环为速度环，外环为位置环。这三环控制都采用 PID 调节，即每一环都有设定值、当前值、输出值。

① 电流环　此环完全在伺服驱动器内部进行，通过霍尔装置检测驱动器输出到电机各相的电流，并通过负反馈进行 PID 调节，从而达到输出电流尽量接近设定电流。电流环控制电机转矩，所以在转矩模式下驱动器的运算量最小，动态响应最快。

② 速度环　通过电机编码器检测的信号进行负反馈 PID 调节，由于速度环的输出值即是电流环的输入值，所以速度环控制时就包含了电流环，实际上任何模式都必须使用电流环，电流环是控制的根本，

在速度和位置控制的同时系统也在进行电流（转矩）的控制，以达到对速度和位置的相应控制。

③ 位置环　它是最外环，可以在驱动器和电机编码器间构建，也可以在外部控制器和电机编码器或最终负载间构建，要根据实际情况来定。由于位置控制环内部输出就是速度环的输入，位置控制模式下系统进行了所有 3 个环的运算，此时系统运算量最大，动态响应速度也最慢。

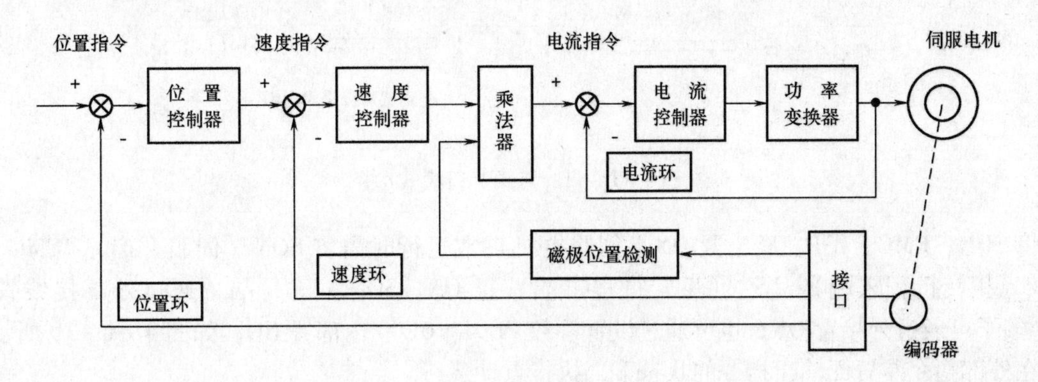

图 4－1－9　伺服驱动器控制回路原理示意图

（5）伺服驱动器的试运行

一般在实际运行之前进行试运行，确认机械能否正常动作。以下介绍伺服驱动器的试运行操作。

1）系统接线　如图 4－1－10 所示。

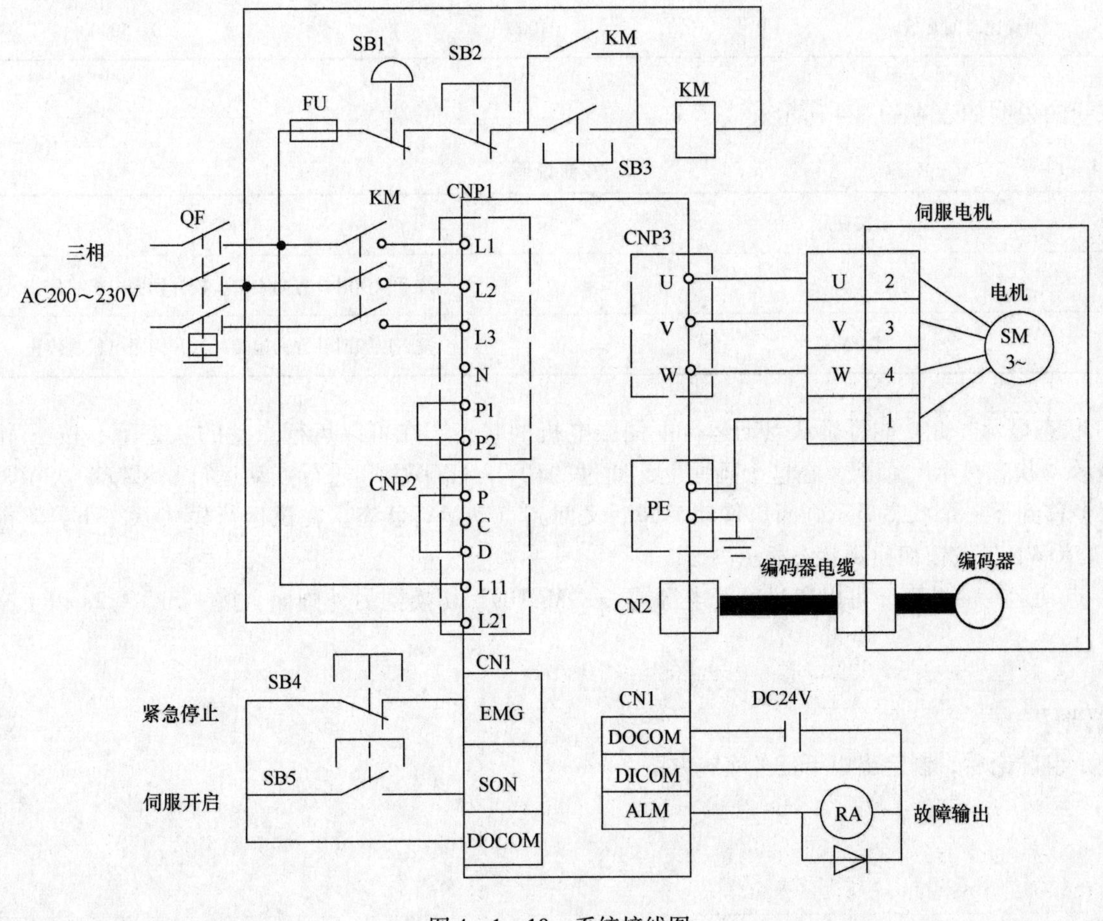

图 4－1－10　系统接线图

2）点动运行的设置　电源接通后，请按照以下步骤选择点动运行模式运行。使用“MODE”按钮切换到诊断画面。如图4－1－11所示。

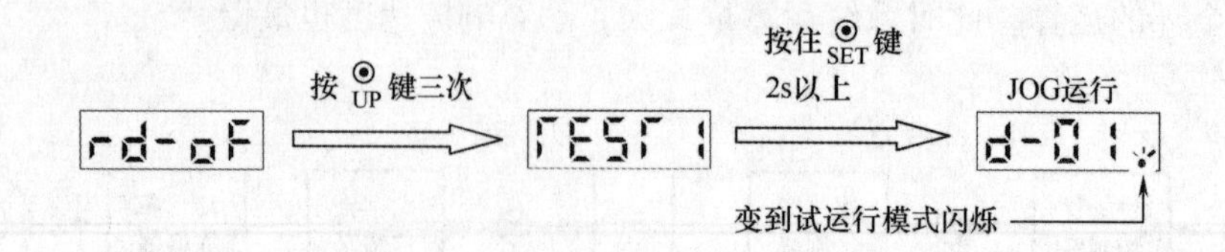

图4－1－11　点动运行模式选择

3）将SON、EMG、LSP、LSN置ON　伺服电机正常运行时需将SON（伺服开启）、EMG（紧急停止）、LSP（正转行程末端）、LSN（反转行程末端）置ON。SON、EMG端子通过外部接线置ON，而LSP/LSN端子可通过外接置ON，也可通过设置参数PD01＝0C00内部置NO，如图4－1－10所示。

4）在外部指令装置无输出指令的状态下，执行点动运行。

① 操作·运行　按住“UP”“DOWN”按钮可使伺服电机旋转。松开按钮，伺服电机便停止。通过伺服设置软件可改变运行的条件。运行的初始条件和设定范围如表4－1－3所示。

表4－1－3　　运行的初始条件和设定范围

项目	初始设定值	设定范围
转速［r/min］	200	0～瞬时允许转速
加减速时间常数 ms	1000	0～50000

按钮的说明如表4－1－4所示。

表4－1－4　　按钮说明

按钮	内容
“UP”	按下以逆时针方向旋转，松开伺服电机将停止
“DOWN”	按下以顺时针方向旋转，松开伺服电机将停止

② 状态显示　此功能可确认点动运行中伺服电机的状态。在可以运行点动的状态下，按下MODE，则将显示“状态显示”画面，在这个画面上，通过“UP”“DOWN”进行点动运行。每按1次MODE按钮，就会移到下一个状态显示画面。移动1周后又回到点动运行状态。在试运行模式状态下，不能使用“UP”“DOWN”按钮切换到状态显示画面。

③ 点动运行的结束　可以通过断开电源或按“MODE”切换到另外画面，按“SET”2s以上来结束点动运行。

【任务计划】

经小组讨论后，制定出以下任务实施方案：

1. 画出伺服系统试运行的接线示意图

画出搬运机械手的接线示意图	教师审核

2. 填写调试步骤

调试步骤	描述该步骤下会出现的现象	教师审核
(1)		
(2)		
(3)		
(4)		
(5)		
(6)		
(7)		
(8)		

提醒　计划内容若超出以上表格或画图区范围，可自行续表或扩大画图区。

【任务实施】

以下为参考步骤，各小班可参照实施，也可按本组计划方案合理执行。

1. 准备工具及材料

为完成工作任务，每个工作小组需要填表向工作岛内仓库工作人员借用工具及领取材料。如表4－1－5，表4－1－6所示。

表4－1－5　　＿＿＿＿＿工作岛借用工具清单

名称	数量	规格	单位	借出时间	借用人签名	归还时间	归还人签名	管理员签名

表4－1－6　　＿＿＿＿＿工作岛领取材料清单

名称	规格型号	单位	申领数量	实发数量	归还时间	归还人签名	管理员签名

2. 任务实施前的相关检查

检查项目	标准状态	当前状态	处理方法	教师审核
工作岛总电源	断开			
相关端子及接线	良好			
各部件安装	牢固			
所需工具材料	齐全			

3. 接线操作

参照接线图，完成伺服驱动器试运行的相关接线；端子与导线应可靠连接，切勿松动。接线完毕后要认真检查，杜绝出现错接漏接。

参见【任务准备】以及【任务计划】中第1点内容。

4. 根据任务控制要求进行调试

经老师审阅同意后，接通工作岛电源，并进行调试操作，操作时严格遵守安全操作规则，结合任务要求，任务计划完成调试操作。

参见【任务要求】以及【任务计划】第 2 点内容。

5. 将你的任务实施过程与其他组（员）进行对比，如发现差异，在组内和组外进行充分的讨论，取长补短，对你在任务实施过程存在不足的地方加以改进完善

注意事项：

（1）必须在教师指导下进行实操。

（2）实操过程遵守安全用电规则，注意人身安全。

（3）根据电路图正确接线。

【任务评价】

（1）各小组派代表展示任务计划，并对任务计划内容进行讲解。

（2）各小组派人展示伺服驱动器试运行的效果，接受全体同学的检阅。

（3）其他小组提出的改进建议

（4）学生自我评估与总结

（5）小组评估与总结

（6）教师评价（根据各小组学生完成任务的表现，给予综合评价，同时给出该工作任务的正确答案供学生参考）

（7）“6S”处理

所有测试完毕后，检测工作台设备各种功能是否正常，关闭技能岛总电源，拆线，清点工具及实习材料，维护保养仪器设备，确保其工作在最佳工作状态，并对工作岗位进行整理清扫，归还所借的工量具和实习工件。

（8）评价表

表 4－1－7　　　　**任务评价表**

班级：______ 小组：______ 姓名：______	任务名称：圆形转盘加工台的运行控制 学习任务名称：认识伺服系统 指导教师：______ 日期：______

评价项目	评价标准	评价依据	评价方式			权重	得分小计
			学生自评 20%	小组互评 30%	教师评价 50%		
职业素养	1. 遵守企业规章制度、劳动纪律 2. 按时按质完成工作任务 3. 积极主动承担工作任务，勤学好问 4. 人身安全与设备安全 5. 工作岗位6S完成情况	1. 出勤 2. 工作态度 3. 劳动纪律 4. 团队协作精神				0.3	
专业能力	1. 认识伺服系统、了解伺服驱动器、伺服电动机的基本结构及原理 2. 掌握伺服系统的相关接线 3. 掌握伺服驱动器试运行调试	1. 操作的准确性和规范性 2. 工作页或项目技术总结完成情况 3. 专业技能任务完成情况				0.5	
创新能力	1. 在任务完成过程中能提出自己的有一定见解的方案 2. 在教学或生产管理上提出建议，具有创新性	1. 方案的可行性及意义 2. 建议的可行性				0.2	
合计							

学习任务二　利用伺服系统速度控制模式控制圆形转盘加工台

【任务描述】

在伺服系统速度控制模式的作用下，负载增大时，伺服电机的输出转矩增大，负载变小时，伺服电机的输出转矩减小，从而维持圆形转盘加工台运行速度不变。

【任务要求】

1. 完成伺服系统速度控制模式下的相关接线。
2. 设置伺服驱动器的相关参数，开启伺服驱动器的速度控制模式。
3. 在伺服电机的驱动下，圆形转盘加工台可正反转，配合速度选择按钮使转盘加工台稳速运行在设定速度中。
4. 以小组为单位，在小组内通过分析、对比、讨论决策出最优的实施步骤方案，由小组长进行任务分工，完成工作任务。

【能力目标】

1. 会伺服系统速度控制模式下的相关接线。
2. 能理解伺服驱动器的参数作用，掌握伺服驱动器的参数设置。
3. 能完成伺服系统速度控制模式的运行调试。
4. 培养创新改造、独立分析和综合决策能力。
5. 培养团队协作、与人沟通和正确评价能力。

【任务准备】

三菱 MR－J3－A 伺服系统速度控制模式是最常用的电动机控制模式之一，常用于对电动机恒转速要求的应用场合，通过设置速度控制模式，使负载增大时，输出的力矩增大，负载减小时，输出力矩减小，从而维持电动机转速不变。

1. 伺服驱动器速度控制模式的相关接线

（1）主电路的连接

参见本任务学习任务一中图 4－1－9。

（2）输入输出信号的连接

输入输出信号连接如图 4－2－1 所示。

2. 参数介绍

（1）参数№PA19

伺服放大器在出厂状态下基本设定参数，增益・滤波器参数，扩展设定参数的设定可以改变。为防

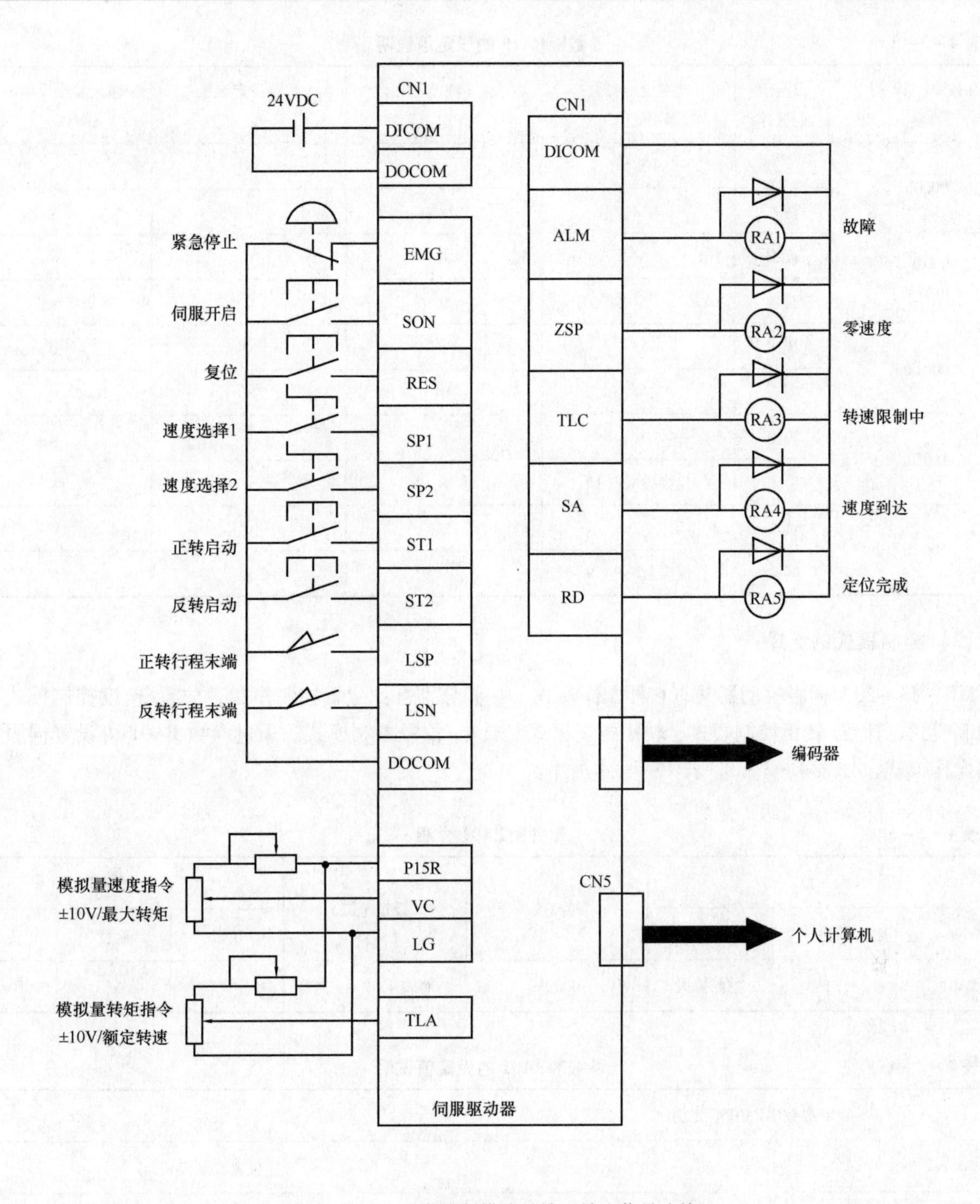

图 4－2－1　速度控制模式的输入输出信号连接

止参数№PA19 的设定被不小心改变，可以设定为禁止写入。参数№PA19 介绍如表 4－2－1 所示。

表 4－2－1　　参数№PA19 介绍

参数			初始值	设定范围	控制模式		
№	简称	名称			位置	速度	转矩
PA19	*BLK	参数写入禁止	000Bh	参照表 4－2－2	√	√	√

表 4－2－2 表示根据参数№PA19 的设定参数是否可以读出或写入。√表示可以进行操作，×表示不可以进行操作。

表 4-2-2　　参数№PA19 的设定值说明

参数№PA19 的设定值	设定值的操作	基本设定参数№PA□□	增益·滤波器参数№PB□□	扩展设定参数№PC□□	输入输出设定参数№PD□□
0000h	读出	√	×	×	×
	写入	√	×	×	×
000Bh（初始值）	读出	√	√	√	×
	写入	√	√	√	×
000Ch	读出	√	√	√	√
	写入	√	√	√	√
100Bh	读出	√	×	×	×
	写入	仅参数№PA19	×	×	×
100Ch	读出	√	√	√	√
	写入	仅参数№PA19	×	×	×

（2）控制模式的选择

MR-J3-20A 伺服驱动器共有 6 种操作模式，它们分别是：位置控制模式、位置/速度控制模式、速度控制模式、速度/转矩控制模式、转矩控制模式、转矩/位置控制模式。通过参数 PA01 可设置伺服驱动器的操作模式，如表 4-2-3，表 4-2-4 所示。

表 4-2-3　　参数№PA01 介绍

参数			初始值	设定范围	控制模式		
№	简称	名称			位置	速度	转矩
PA01	*STY	控制模式	0000h	参照表 4-2-4 内容	√	√	√

表 4-2-4　　参数№PA01 的设定值说明

参数№PA01 设定值	表示
0	位置控制模式
1	位置/速度控制模式
2	速度控制模式
3	速度/转矩控制模式
4	转矩控制模式
5	转矩/位置控制模式

（3）加减速时间常数

加减速时间常数介绍如表 4-2-5 和图 4-2-2 所示。

表 4-2-5　　加减速时间常数的介绍

参数			单位	初始值	设定范围	控制模式		
№	简称	名称				位置	速度	转矩
PC01	STA	加速时间常数	ms	0	0~50000	×	√	√
PC02	STB	减速时间常数	ms	0	0~50000	×	√	√

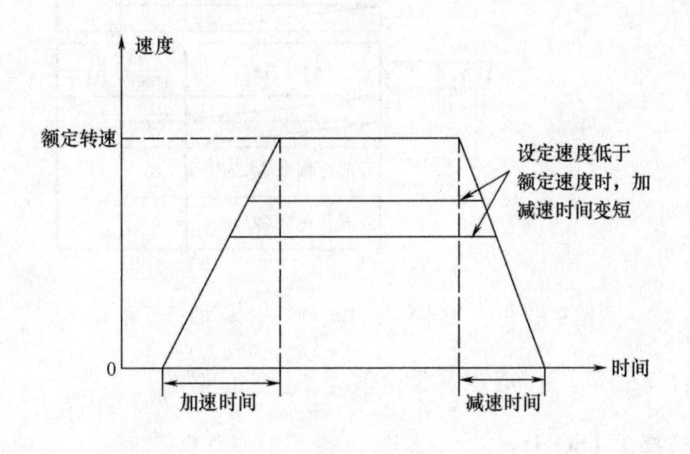

图 4-2-2　加减速时间常数示意图

（4）模拟速度指令最大转速

设定模拟速度指令（VC）的输入最大电压（10V）时的转速即为最大转速。如果设定为“0”，即为伺服电机的额定转速。如表 4-2-6 所示。

表 4-2-6　　模拟速度指令最大转速的介绍

参数			单位	初始值	设定范围	控制模式		
№	简称	名称				位置	速度	转矩
PC12	VCM	模拟速度指令最大转速	r/min	0	0~50000	×	√	×

（5）输入信号自动 ON 选择 1

输入信号自动 ON 选择 1 的设置，如表 4-2-7 和图 4-2-3 所示。

表 4-2-7　　输入信号自动 ON 选择 1 的介绍

参数			初始值	设定范围	控制模式		
№	简称	名称			位置	速度	转矩
PD01	*DIA1	输入信号自动 ON 选择 1	0000h	参照图 4-2-3	√	√	√

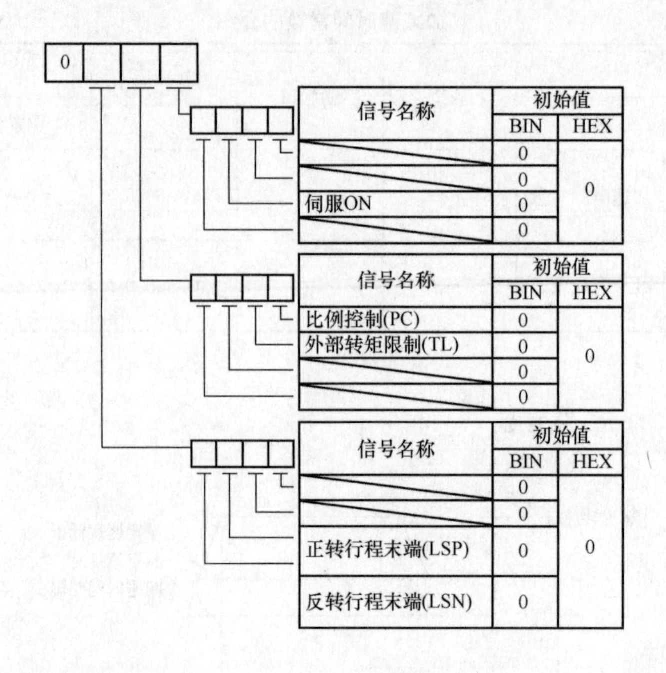

图4－2－3　输入信号自动ON选择1的设置介绍

例如，设置伺服开启（SON）置ON时，设定值为“□□□4”。

（6）输入信号端子选择1（SON）

CN1－15（SON）管脚可以分配给任意的输入端子，如表4－2－8所示。

表4－2－8　　输入信号端子选择1的介绍

参数			初始值	设定范围	控制模式		
№	简称	名称			位置	速度	转矩
PD03	* DI1	输入信号端子选择1	00020202h	参照表4－2－9	√	√	√

请注意根据控制模式，设定值的位和可以分配的信号不同。

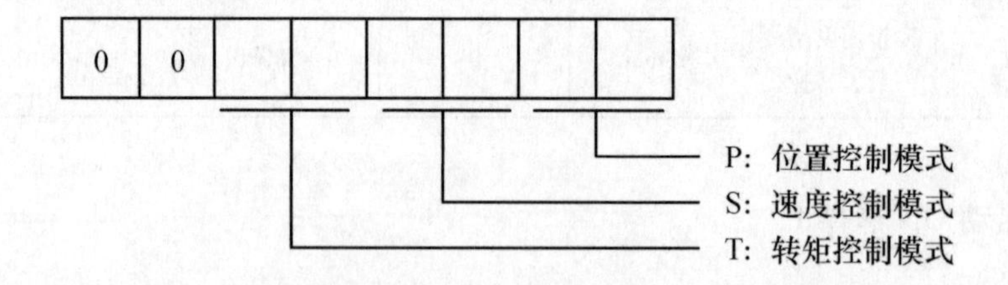

各控制模式下可以分配的端子为表4－2－9中的简称的端子。设定为其他的端子无效。

表4－2－9　　输入信号端子选择1的设置介绍

设定值	控制模式		
	P	S	T
00	—	—	—
01	制造商设定用		

续表

设定值	控制模式		
	P	S	T
02	SON	SON	SON
03	RES	RES	RES
04	PC	PC	—
05	TL	TL	—
06	CR	CR	CR
07	—	ST1	RS2
08	—	ST2	RS1
09	TL1	TL1	—
0A	LSP	LSP	—
0B	LSN	LSN	—
0C	制造商设定用		
0D	CDP	CDP	—
0E ~ 1F	制造商设定用		
20	—	SP1	SP1
21	—	SP2	SP2
22	—	SP3	SP3
23	LOP	LOP	LOP
24	CM1	—	—
25	CM1	—	—
26	—	STAB2	STAB2
27 ~ 3F	制造商设定用		

例如，在速度控制模式下将 SON 端子改变为 SP3，则应设定 PD03 = 00002200。

3. 速度的设定

电动机运行速度的设置方式有两种：一是按照参数设定的速度运行，二是按模拟量设定的速度运行。（由于驱动技能工作岛实验面板中未将伺服驱动器中的 VC 端子引出，故不能实现模拟量设定试验。）

（1）模拟量运行速度设定（仅供参考学习）

如图 4 – 2 – 4 所示，伺服电动机旋转分逆时针和顺时针，则对应的输入电压应分为 + 10V 和 – 10V。± 10V 对应最大速度，而 ± 10V 对应的速度正好是额定速度。± 10V 对应的速度值可由参数设定，用正转启动信号 ST1 和反转启动信号 ST2 决定旋转方向。外部输入信号 ST1 和 ST2 开关状态可分为以下四种：一是当 ST1 和 ST2 都置 0 时，对于模拟量速度指令（VC），及内部速度指令都处于伺服锁定状态。二是当 ST2 置 0，ST1 置 1 时，在 VC 输入为正电压时，伺服电动机逆时针旋转；VC 输入为负电压时，伺服电动

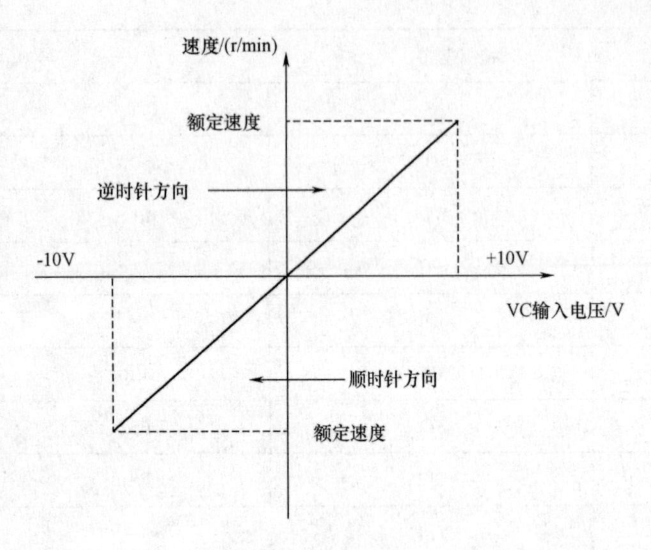

图 4-2-4 模拟量输入电压和伺服电动机速度关系图

机顺时针旋转；0V 输入时伺服处于停止状态，在内部速度指令时，伺服电动机逆时针旋转。三是当 ST2 置 1、ST1 置 0 时，在 VC 输入为正电压时，伺服电动机顺时针旋转。VC 输入为负电压时，伺服电动机逆时针旋转。VC 输入为负电压 0V 时，伺服处于停止状态。在内部速度指令时，伺服电动机处于顺时针旋转。四是当 ST1 和 ST2 都置 1 时，伺服处于锁定状态。

（2）通过参数设置运行速度

用 SP1 和 SP2 选择内部速度指令 1～3 或模拟量速度指令（VC）作为设定速度。模拟量速度设定是指对 SP1、SP2 和 SP3 电平信号状态的设置，设置方法有两类：设置 SP1 和 SP2 或 SP1、SP2 和 SP3 都设置。

如表 4-2-10 所示，当 SP2 置 0、SP1 置 1 时，初始值为 100r/min，设定范围 0～瞬时允许速度，运行速度可以从 0 变化到设定值 1；当 SP2 置 1、SP1 置 0 时，初始值为 500r/min，设定范围 0～瞬时允许速度，运行速度可以从 0 变化到设定值 2；当 SP2 和 SP1 都置 1 时，初始值为 1000r/min，设定范围 0～瞬时允许速度，运行速度可以从 0 变化到设定值 3。

表 4-2-10 速度选择指令表

外部输入信号		速度指令	初始值	设定范围
SP2	SP1			
0	0	模拟量速度指令（VC）	-	-
0	1	内部速度指令 1（参数№PC05）	100 r/min	0～瞬时允许速度
1	0	内部速度指令 2（参数№PC06）	500 r/min	0～瞬时允许速度
1	1	内部速度指令 3（参数№PC07）	1000 r/min	0～瞬时允许速度

如表 4-2-11 所示，将 SP3 置 1 后，SP2 和 SP1 速度的指令值分以下四类情况：一是 SP2 置 0、SP1 置 0 时，初始值为 200r/min，设定范围 0～瞬时允许速度，运行速度可以从 0 变化到设定值 4；二是 SP2 置 0、SP1 置 1 时，初始值为 300r/min，设定范围 0～瞬时允许速度，运行速度可以从 0 变化到设定值 5；三是 SP2 置 1、SP1 置 0 时，初始值为 500r/min，设定范围 0～瞬时允许速度，运行速度可以从 0 变化到设定值 6；四是 SP2 置 1、SP1 置 1 时，初始值为 800r/min，设定范围 0～瞬时允许速度，运行速度可以从 0 变化到设定值 7。

表 4-2-11 SP3 有效时速度选择指令表

外部输入信号			速度指令	初始值	设定范围
SP3	SP2	SP1			
1	0	0	内部速度指令 4（参数№PC08）	200 r/min	0～瞬时允许速度
1	0	1	内部速度指令 5（参数№PC09）	300 r/min	0～瞬时允许速度
1	1	0	内部速度指令 6（参数№PC10）	500 r/min	0～瞬时允许速度
1	1	1	内部速度指令 7（参数№PC11）	800 r/min	0～瞬时允许速度

4. 速度到达

如图 4 - 2 - 5 所示，伺服电动机的速度达到所设定的速度附近时，SA - DICOM 之间导通。设定速度选择通过内部速度指令 1 和 2 来实现，速度到达（SA）为高电平的条件如下：

（1）内部速度指令 1 或 2 接通；

（2）开始运行（ST1、ST2）为高电平；

（3）伺服电动机速度达到一个恒定不变值；

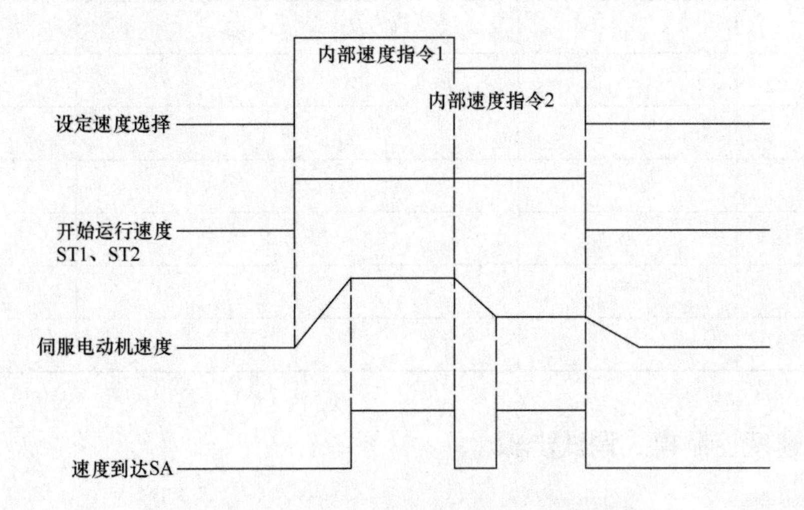

图 4 - 2 - 5　速度控制模式下速度到达时序图

注意，参数设定完成后，需重启伺服驱动器，参数功能方可生效。

【任务计划】

经小组讨论后，根据任务要求制定出以下任务实施方案：

1. 画出伺服系统的接线示意图

画出伺服系统速度控制模式的接线示意图	教师审核

2. 将伺服驱动器所要设置的参数列于下表

序号	参数号	名称	设定范围	出厂设定	设定值	备注

3. 写出伺服系统速度控制模式调试步骤

调试步骤	描述该步骤下会出现的现象	教师审核
(1)		
(2)		
(3)		
(4)		
(5)		
(6)		
(7)		
(8)		

提醒　计划内容若超出以上表格或画图区范围，可自行续表或扩大画图区。

【任务实施】

以下为参考步骤，各小班可参照实施，也可按本组计划方案合理执行。

1. 准备工具及材料

为完成工作任务，每个工作小组需要填表向工作岛内仓库工作人员借用工具及领取材料。如表4－2－12，表4－2－13所示。

表 4－2－12　　　　________工作岛借用工具清单

名称	数量	规格	单位	借出时间	借用人签名	归还时间	归还人签名	管理员签名

表 4－2－13　　　　________工作岛领取材料清单

名称	规格型号	单位	申领数量	实发数量	归还时间	归还人签名	管理员签名

2. 任务实施前的相关检查

检查项目	标准状态	当前状态	处理方法	教师审核
工作岛总电源	断开			
相关端子及接线	良好			
各部件安装	牢固			
所需工具材料	齐全			

3. 接线操作

参照接线图，完成伺服系统速度控制模式的相关连接；端子与导线应可靠连接，切勿松动。认真细心进行接线操作，切勿麻痹大意；接线完毕后要认真检查，杜绝出现错接漏接。

参见【任务准备】以及【任务计划】中第 1 点内容。

4. 试运行与参数设定

经老师审阅同意后，接通工作岛电源，并对伺服系统进行试运行调试，并设置相关参数。

参考【相关知识】、【任务计划】中第 2 点内容。

5. 根据任务控制要求进行调试

经老师审阅同意后进行调试操作，操作时严格遵守安全操作规则，结合任务要求和计划完成调试操作。

参见【任务要求】以及【任务计划】1 ~3 点内容。

6. 将你的任务实施过程与其他组（员）进行对比，如发现差异，在组内和组外进行充分的讨论，取长补短，对你在任务实施过程存在不足的地方加以改进完善

注意事项：

（1）必须在教师指导下进行实操。

（2）实操过程遵守安全用电规则，注意人身安全。

（3）根据电路图正确接线。

【任务评价】

（1）各小组派代表展示任务计划，并对任务计划内容进行讲解。

（2）各小组派人展示伺服系统速度控制模式的运行效果，接受全体同学的检阅。

（3）其他小组提出的改进建议

____

____

____

____

（4）学生自我评估与总结

____

____

____

____

（5）小组评估与总结

____

____

____

____

____

（6）教师评价（根据各小组学生完成任务的表现，给予综合评价，同时给出该工作任务的正确答案供学生参考）

____

____

____

____

____

（7）“6S”处理

所有测试完毕后，检测工作台设备各种功能是否正常，关闭技能岛总电源，拆线，清点工具及实习材料，维护保养仪器设备，确保其工作在最佳工作状态，并对工作岗位进行整理清扫，归还所借的工量具和实习工件。

（8）评价表

表 4－2－14　任务评价表

班级：________ 小组：________ 姓名：________	任务名称：圆形转盘加工台的运行控制 学习任务名称：利用伺服系统速度控制模式控制圆形转盘加工台 指导教师：________________ 日期：________________

评价项目	评价标准	评价依据	评价方式			权重	得分小计
			学生自评 20%	小组互评 30%	教师评价 50%		
职业素养	1. 遵守企业规章制度、劳动纪律 2. 按时按质完成工作任务 3. 积极主动承担工作任务，勤学好问 4. 人身安全与设备安全 5. 工作岗位 6S 完成情况	1. 出勤 2. 工作态度 3. 劳动纪律 4. 团队协作精神				0.3	
专业能力	1. 掌握伺服系统速度控制模式下的相关接线 2. 理解伺服驱动器的参数作用，掌握伺服驱动器的参数设置 3. 掌握伺服系统速度控制模式的运行调试	1. 操作的准确性和规范性 2. 工作页或项目技术总结完成情况 3. 专业技能任务完成情况				0.5	
创新能力	1. 在任务完成过程中能提出自己的有一定见解的方案 2. 在教学或生产管理上提出建议，具有创新性	1. 方案的可行性及意义 2. 建议的可行性				0.2	
合计							

【技能拓展】

通过对伺服系统的速度控制模式的学习之后，我们发现，伺服驱动器通过设置内部速度选择指令，结合外部输入信号端子 SP1 ~ SP3，可以完成最多 7 段速度的运行操作，那么，请同学们结合本任务知识，通过各种渠道搜集相关资料，用 PLC 与伺服驱动器完成图 4 - 2 - 6 中的多段速度控制。

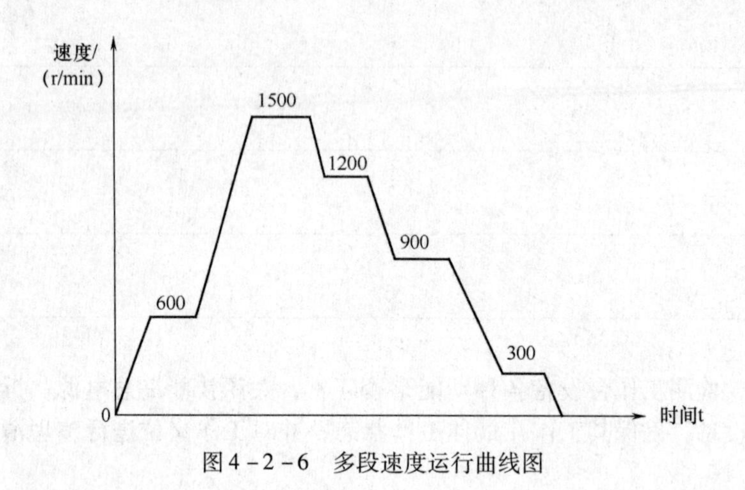

图 4 - 2 - 6　多段速度运行曲线图

学习任务三　利用伺服系统转矩控制模式控制圆形转盘加工台

【任务描述】

在伺服系统转矩控制模式的作用下，维持圆形转盘加工台的转矩不变，即要求伺服电机输出的转矩一定，当负载变化时，电机的转速也随之变化。通过电位器或者设置内部转矩指令可调节圆形转盘加工台的输出转矩。

【任务要求】

1. 完成伺服系统转矩控制模式下的相关接线。
2. 开启伺服驱动器的转矩控制模式，设置伺服驱动器的相关参数。
3. 在伺服电机的驱动下，圆形转盘加工台可正反转；调节电位器可设定圆形转盘加工台的旋转速度。
4. 以小组为单位，在小组内通过分析、对比、讨论决策出最优的实施步骤方案，由小组长进行任务分工，完成工作任务。

【能力目标】

1. 会伺服系统转矩控制模式下的相关接线。
2. 能理解伺服驱动器的参数作用，掌握伺服驱动器的参数设置。
3. 能完成伺服系统转矩控制模式的运行调试。
4. 培养创新改造、独立分析和综合决策能力。
5. 培养团队协作、与人沟通和正确评价能力。

【任务准备】

所谓转矩控制模式，就是将伺服电机的输出转矩最大值由外部信号限制在限制值内，电机的旋转速度也限制在限制值内；当负载转矩小于限制转矩时，电机速度加快，此时电机应在伺服驱动器速度限制作用下旋转。当遇到负载转矩大于限制转矩时，电机以负载的速度旋转或电机无法转动。比如农夫保持用固定的力量拉车，在车子空载的情况下，拉力远远大于车子的重力，农夫拉车的速度自然会加快；假设此时往车上加重货物，车子的重力大于拉力，农夫就会被车子拉着跑，或者拉不动。此时，电机有固定转矩输出，即使电机停止转动（处于堵转状态）驱动器仍然输出转矩且不会因电机异常而停止输出转矩。这种状况就如同直流电动机，在极低速下电机仍然输出转矩，可用于张力控制等场合。

1. 伺服驱动器转矩控制模式的相关接线

（1）主电路的连接

主电路参见本工作任务学习任务 1 中图 4－1－9。

（2）输入输出信号的连接

输入输出信号连接如图 4－3－1 所示。

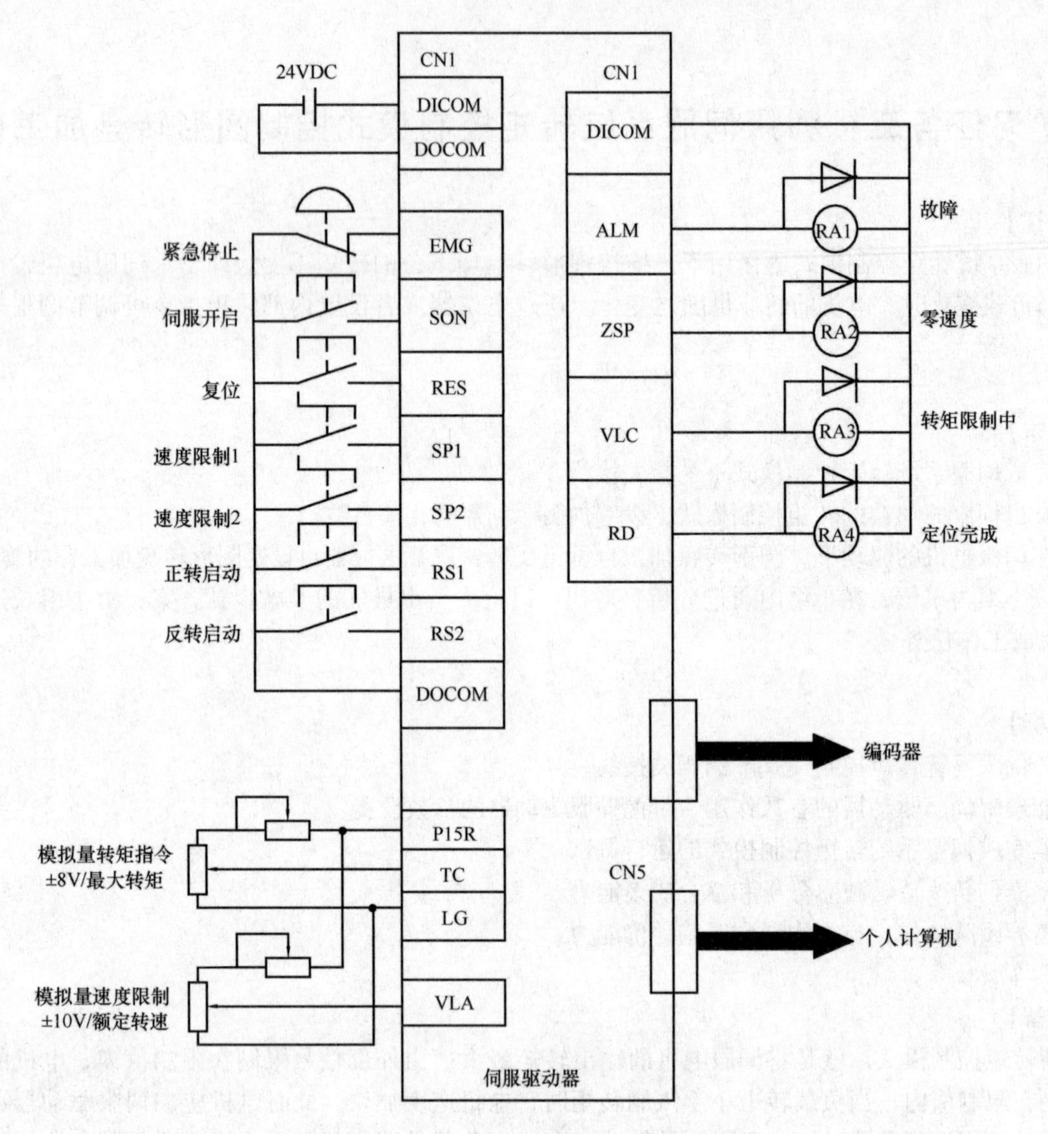

图 4－3－1　转矩控制模式的输入输出信号连接

2. 转矩控制模式参数设置

转矩控制模式的典型参数设置如表 4－3－1 所示。

表 4－3－1　　转矩控制模式参数设置表

参数	名称	初始值	设定值	说明
PA01	控制模式	0000	0004	转矩控制模式
PC01	加速时间常数	0	1000	加速时间为 1000ms
PC02	减速时间常数	0	1000	减速时间为 1000ms
PC05	内部速度限制 1	100	800	最高速度限制在 800r/min 以内
PC12	模拟速度限制最大转速	0	800	最大电压（10V）时对应的转速为 800r/min
PC13	模拟转矩指令最大输出	100	100	最大输出转矩为 100%

3. 伺服驱动器参数介绍

（1）转矩限制

转矩限制参数如表4－3－2所示。

表4－3－2　　转矩限制参数介绍

参数			单位	初始值	设定范围	控制模式		
№	简称	名称				位置	速度	转矩
PA11	TLP	正转转矩限制	%	100	0～1000	√	√	√
PA12	TLN	反转转矩限制	%	100	0～1000	√	√	√

如果设定了参数№PA11（正转转矩限制）或参数№PA12（反转转矩限制），在运行中一直会限制最大转矩。注意，此参数设定后，将不能使用模拟转矩限制（TLA）。限制值和伺服电机的转矩的关系如图4－3－2所示。

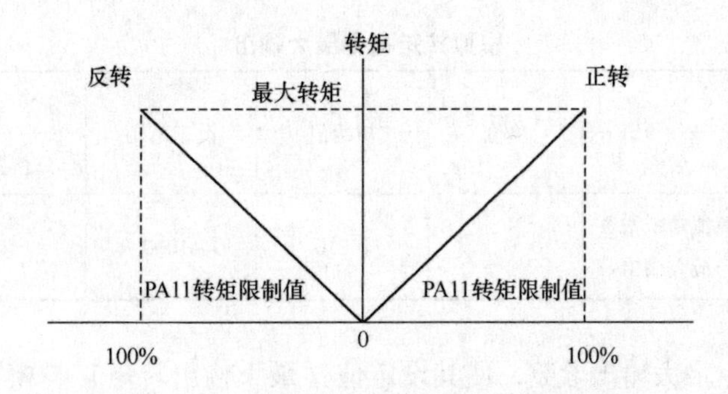

图4－3－2　限制值和伺服电机转矩的关系图

（2）内部速度限制

参数PC05～PC11在速度控制模式当中为内部速度指令，在转矩控制模式中为内部速度限制。当负载较小时，伺服电机运行在该内部速度限制设定值上，当负载较大时，为保证输出转矩不变，伺服电机的运行速度会随之下降，甚至下降到零。内部速度限制参数如表4－3－3所示。

表4－3－3　　内部速度限制参数介绍

参数			单位	初始值	设定范围	控制模式		
№	简称	名称				位置	速度	转矩
PC05	SC1	内部速度限制1	r/min	100	0～瞬时允许速度	×	×	√
PC06	SC2	内部速度限制2	r/min	500	0～瞬时允许速度	×	×	√
PC07	SC3	内部速度限制3	r/min	1000	0～瞬时允许速度	×	×	√
PC08	SC4	内部速度限制4	r/min	200	0～瞬时允许速度	×	×	√
PC09	SC5	内部速度限制5	r/min	300	0～瞬时允许速度	×	×	√
PC10	SC6	内部速度限制6	r/min	500	0～瞬时允许速度	×	×	√
PC11	SC7	内部速度限制7	r/min	800	0～瞬时允许速度	×	×	√

(3) 模拟速度限制最大转速

参数 PC12 在速度控制模式当中为模拟速度指令最大转速，在转矩控制模式中为模拟速度限制最大转速。如表 4-3-4 所示。

设定模拟速度限制（VLA）的输入最大电压（10V）时的转速，如果设定为“0”，即为伺服电机的额定转速。

表 4-3-4 模拟速度限制最大转速参数表

参数			单位	初始值	设定范围	控制模式		
№	简称	名称				位置	速度	转矩
PC12	VCM	模拟速度限制最大转速	r/min	0	0～50000	×	×	√

(4) 模拟转矩指令最大输出

参数表如表 4-3-5 所示。

表 4-3-5 模拟转矩指令最大输出

参数			单位	初始值	设定范围	控制模式		
№	简称	名称				位置	速度	转矩
PC13	TLC	模拟转矩指令最大输出	%	100.0	0～1000.0	×	×	√

通过设定模拟转矩指令最大输出参数，使其设定值（最大输出转矩）与模拟转矩指令电压（TC = ±8V）为 +8V 时对应。

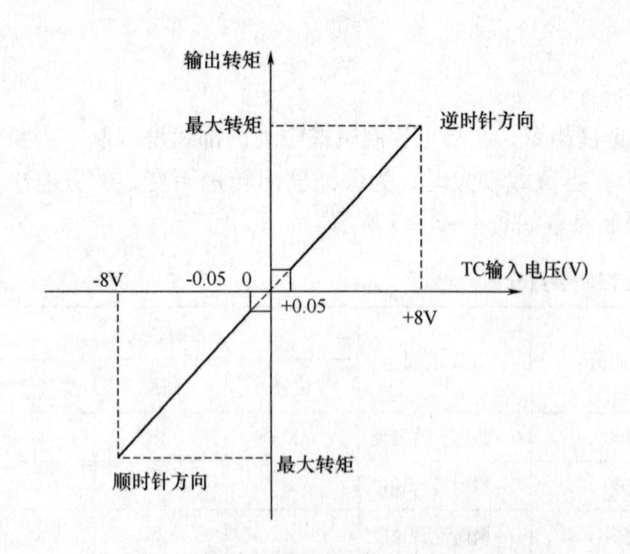

图 4-3-3 模拟量转矩与输入电压关系图

例如，设定值为 50，TC = +8V 时，输出转矩 = 最大转矩 ×50/100。

注意，参数设定完成后，需重启伺服驱动器，参数功能方可生效。

4. 转矩控制

(1) 转矩指令和输出转矩

图 4-3-3 给出了模拟量转矩指令（TC）的输出电压随伺服电动机的输出转矩变化的关系图。在 -0.05V～+0.05V 内无法准确地设定输出转矩，图中用虚线表示。由于产品不同，从而输入电压波动的范围规定为 ±0.05V，TC 输入电压为正时，输出转矩也为正，驱动电动机按逆时针方向旋转；TC 输入电压为负时，输出转矩也为负，驱动电动机按顺时针方向旋转。使用转矩指令（TC）时，正转选择（RS1）/反转选择（RS2）所对应的输出转矩方向见表 4-3-6。

表 4-3-6　　**转矩控制正反转设置表**

外部输入信号		转动方向		
		模拟转矩指令（TC）		
RS2	RS1	正（+）	0	负（-）
0	0	无转矩输出	无转矩输出	无转矩输出
0	1	逆时针 （正转驱动·反转再生）		顺时针 （反转驱动·正转再生）
1	0	顺时针 （反转驱动·正转再生）		逆时针 （正转驱动·反转再生）
1	1	无转矩输出		无转矩输出

在正转选择（RS1）和反转选择（RS2）外部输入信号下，可分为四种情况。当 RS2 和 RS1 都置 1 或 0 时，则伺服电动机无转矩输出。当 RS2 置 0、RS1 置 1 时，如果模拟量转矩指令为正，则伺服电动机逆时针旋转（正转驱动，反转再生制动）；如果模拟量转矩指令为负，则伺服电动机顺时针旋转（反转驱动，正转再生制动）。当 RS2 置 1、RS1 置 0 时，如果模拟量转矩指令为正，则伺服电动机顺时针旋转（反转驱动，正转再生制动）；如果模拟量转矩指令为负，伺服电动机逆时针旋转（正转驱动，反转再生制动）。模拟量转矩指令为 0 时，无转矩输出。

（2）模拟量指令偏置电压

输入电压偏置设置包括模拟量转矩指令的偏置电压设定和模拟量转矩限制的偏置电压设定。如图 4-3-4 所示，模拟量转矩有正负偏置：负偏置最小为 -999mV，正偏置最大为 +999mV。

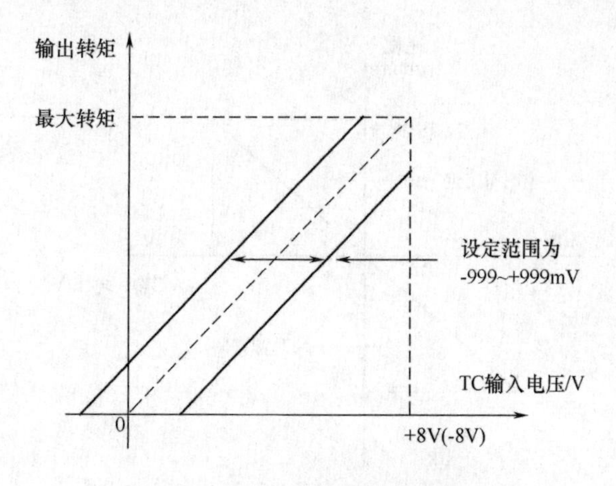

图 4-3-4　模拟量转矩偏置图

5. 转矩限制

转矩限制通过两种方式来选择：一种是通过内部转矩限制参数，比如 PA11 正转转矩限制、PA12 反转转矩限制；另一种是通过模拟量转矩限制（TLA）。

图 4-3-5 给出了模拟量转矩限制（TLA）的输入电压值与输出转矩的关系。相对一定电压所产生的输出转矩限制值，输出转矩的波动范围在 ±5%。另外，输入电压在 0.05V 以下时，无法准确地限制输出转矩，为了保证输出转矩的准确性，输入电压应在 0.05V 以上。

注意，设置了内部转矩限制参数后不能使用模拟转矩限制（TLA）。

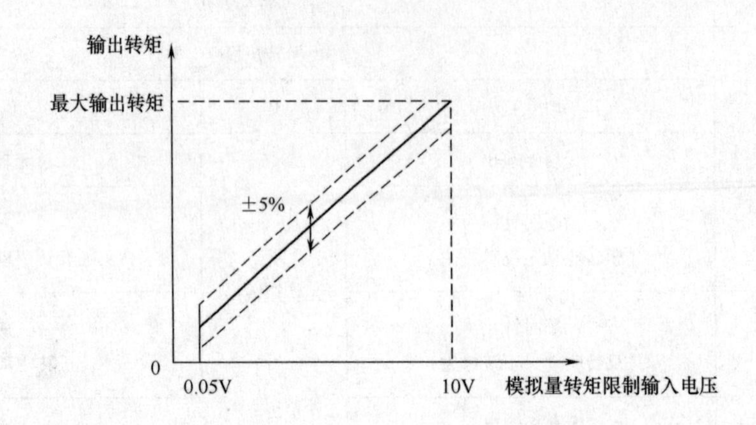

图 4-3-5　模拟量转矩限制输入电压与输出转矩关系

6. 速度限制

（1）速度限制值和速度

速度限制可以通过两种方法设定内部速度限制 1~7 或模拟量速度限制（VLA）。内部速度限制 1~7 通过速度选择端子 SP1、SP2、SP3 实现内部速度限制选择，设定方法与速度模式下的设定相同。模拟量速度限制的输入电压和伺服电动机速度的关系可参考图 4-3-6。如果电动机的速度到达速度限制值，转矩限制将会出现不稳定。速度限制值的设置应比速度设定值高约 100r/min。

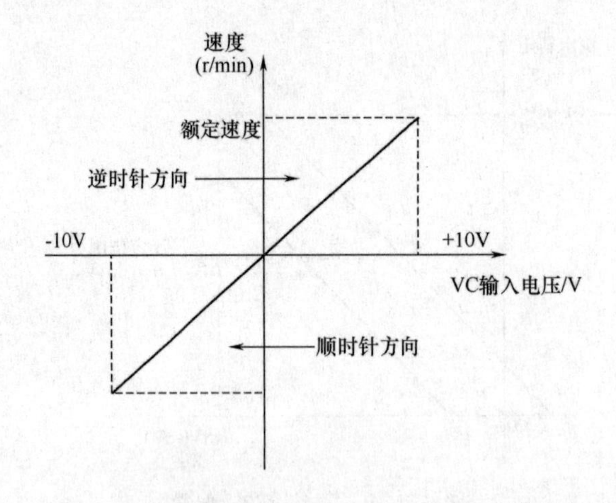

图 4-3-6　模拟量输入电压与伺服电动机速度关系

（2）速度限制中

伺服电动机的速度达到内部速度限制 1~3 或模拟量速度限制设定值时，速度限制中（VLC）这项参数接通，表明当前正在限制伺服电动机转速。

【任务计划】

经小组讨论后，根据任务要求制定出以下任务实施方案：

1. 画出伺服系统的接线示意图

画出伺服系统转矩控制模式的接线示意图	教师审核

2. 将伺服驱动器所要设置的参数列于下表

序号	参数号	名　称	设定范围	出厂设定	设定值	备　注

3. 写出伺服系统转矩控制模式调试步骤

调试步骤	描述该步骤下会出现的现象	教师审核
(1)		
(2)		
(3)		
(4)		
(5)		
(6)		
(7)		
(8)		

提醒　计划内容若超出以上表格或画图区范围，可自行续表或扩大画图区。

【任务实施】

以下为参考步骤，各小班可参照实施，也可按本组计划方案合理执行。

1. 准备工具及材料

为完成工作任务，每个工作小组需要填表向工作岛内仓库工作人员借用工具及领取材料。如表4－3－7，表4－3－8所示。

表4－3－7　＿＿＿＿工作岛借用工具清单

名称	数量	规格	单位	借出时间	借用人签名	归还时间	归还人签名	管理员签名

表4－3－8　＿＿＿＿工作岛领取材料清单

名称	规格型号	单位	申领数量	实发数量	归还时间	归还人签名	管理员签名

2. 任务实施前的相关检查

检查项目	标准状态	当前状态	处理方法	教师审核
工作岛总电源	断开			
相关端子及接线	良好			
各部件安装	牢固			
所需工具材料	齐全			

3. 接线操作

参照接线图，完成伺服系统转矩控制模式的相关连接；端子与导线应可靠连接，切勿松动。认真细心进行接线操作，切勿麻痹大意；接线完毕后要认真检查，杜绝出现错接漏接。

参考【相关知识】、【任务计划】中第 1 点内容。

4. 试运行与参数设定

经老师审阅同意后，接通工作岛电源，对伺服系统进行试运行调试，并设置相关参数。

参考【相关知识】、【任务计划】中第 2 点内容。

5. 根据任务控制要求进行调试

经老师审阅同意后进行调试操作，操作时严格遵守安全操作规则，结合任务要求和计划完成调试操作。

参见【任务要求】、【任务计划】1 ~3 点内容。

6. 将你的任务实施过程与其他组（员）进行对比，如发现差异，在组内和组外进行充分的讨论，取长补短，对你在任务实施过程存在不足的地方加以改正完善

注意事项：

（1）必须在教师指导下进行实操。

（2）实操过程遵守安全用电规则，注意人身安全。

（3）根据电路图正确接线。

【任务评价】

（1）各小组派代表展示任务计划，并对任务计划内容进行讲解。

（2）各小组派人展示伺服系统转矩控制模式的运行效果，接受全体同学的检阅。

（3）其他小组提出的改进建议

____

____

____

____

（4）学生自我评估与总结

____

____

____

____

（5）小组评估与总结

（6）教师评价（根据各小组学生完成任务的表现，给予综合评价，同时给出该工作任务的正确答案供学生参考）

（7）“6S”处理

所有测试完毕后，检测工作台设备各种功能是否正常，关闭技能岛总电源，拆线，清点工具及实习材料，维护保养仪器设备，确保其工作在最佳工作状态，并对工作岗位进行整理清扫，归还所借的工量具和实习工件。

（8）评价表

表4-3-9　　任务评价表

班级：________ 小组：________ 姓名：________	任务名称：圆形转盘加工台的运行控制 学习任务名称：利用伺服系统转矩控制模式控制圆形转盘加工台 指导教师：________________ 日期：________________

评价项目	评价标准	评价依据	评价方式			权重	得分小计
			学生自评 20%	小组互评 30%	教师评价 50%		
职业素养	1. 遵守企业规章制度、劳动纪律 2. 按时按质完成工作任务 3. 积极主动承担工作任务，勤学好问 4. 人身安全与设备安全 5. 工作岗位6S完成情况	1. 出勤 2. 工作态度 3. 劳动纪律 4. 团队协作精神				0.3	
专业能力	1. 掌握伺服系统转矩控制模式下的相关接线 2. 理解伺服驱动器的参数作用，掌握伺服驱动器的参数设置 3. 掌握伺服系统转矩控制模式的运行调试	1. 操作的准确性和规范性 2. 工作页或项目技术总结完成情况 3. 专业技能任务完成情况				0.5	
创新能力	1. 在任务完成过程中能提出自己的有一定见解的方案 2. 在教学或生产管理上提出建议，具有创新性	1. 方案的可行性及意义 2. 建议的可行性				0.2	
合计							

【技能拓展】

有某卷纸生产线如图4-3-7所示，收卷筒由伺服电机带动，在纸张传动行程中，起支撑和传动作用的辊中装有编码器，辊的周长是10cm，辊每转一圈，发出一个脉冲。待纸张收卷到50m时，伺服电机停止，切刀动作。在收卷过程中，要求收卷时的张力不变。

请同学们收集相关资料，利用PLC与伺服系统相结合，完成上述控制要求。

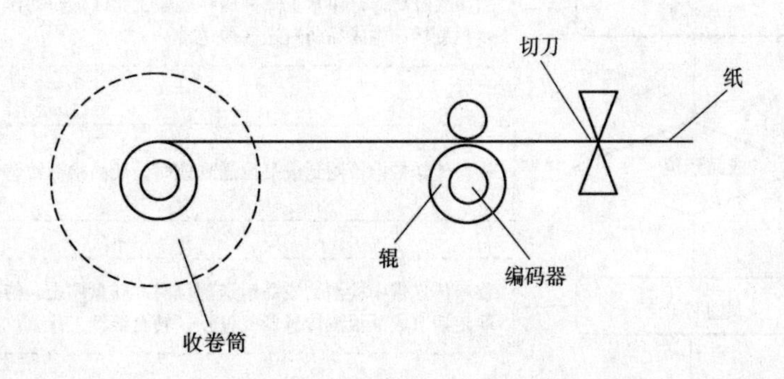

图4-3-7　某卷纸生产线示意图

学习任务四　利用伺服系统位置控制模式控制圆形转盘加工台

【任务描述】

药粒自动瓶装系统中的圆形转盘加工台主要由PLC、伺服驱动器、伺服电机、直流电机和气动控制系统实现运行控制。能完成对药粒的导装、加盖、加印、传送等工作流程。

圆形转盘加工台控制流程图如图4－4－1所示。

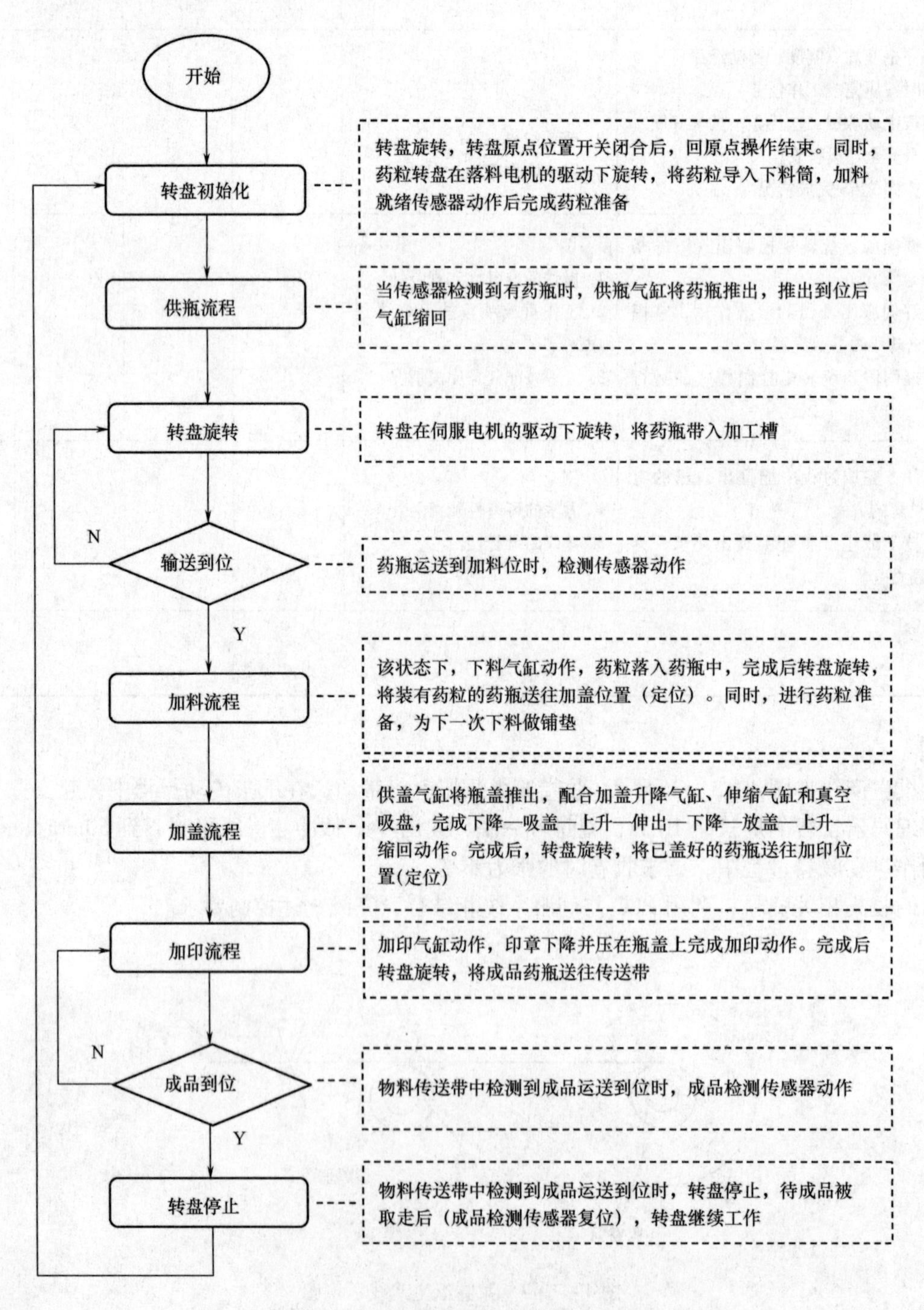

图4－4－1　圆形转盘加工台控制流程图

【任务要求】

1. 根据控制要求完成系统接线。

2. 将伺服系统设置为位置控制模式，并设置伺服驱动器的相关参数。

3. 利用 PLC 发出定位脉冲实现定位控制，运用 PLSY 或 PLSR 指令编写控制程序。

4. 以小组为单位，在小组内通过分析、对比、讨论决策出最优的实施步骤方案，由小组长进行任务分工，完成工作任务。

【能力目标】

1. 会伺服系统位置控制模式下的相关接线。

2. 能理解伺服驱动器位置控制模式下的相关参数作用，掌握伺服驱动器的参数设置。

3. 能根据控制任务完成系统调试。

4. 培养创新改造、独立分析和综合决策能力。

5. 培养团队协作、与人沟通和正确评价能力。

【任务准备】

位置控制模式是利用上位机产生脉冲来控制伺服电机转动，脉冲的个数决定伺服电机转动的角度（或者是工作台移动的距离），脉冲的频率决定电机转速。如数控机床的工作台控制即属于位置控制模式。如图 4－2－2 所示。

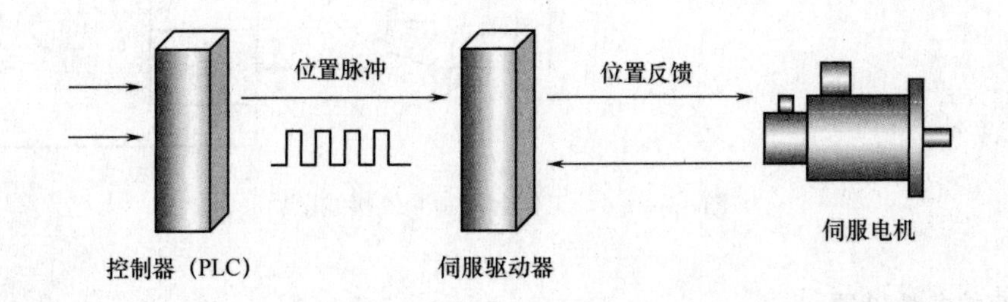

图 4－4－2　伺服系统位置控制模式结构示意图

例如，某工作台控制要求，按下启动按钮 SB1，伺服电机旋转，拖动工作台从 A 点开始向右行驶 20mm，停 2s，再向右行驶 30mm，再停 2s，然后向左行驶，返回 A 点，如此循环运行，按下停止按钮 SB2，工作台行驶一周后返回 A 点。传动丝杆的螺距为 5mm，设脉冲当量为 1μm，以 PLC 作为上位机进行控制。工作台结构示意图如图 4－4－3 所示。

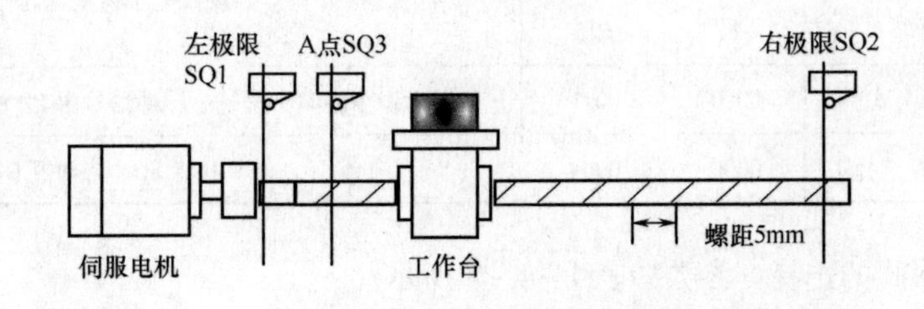

图 4－4－3　某工作台结构示意图

［分析］

- 由于工作台需定位运行，所以伺服系统要设置为位置控制模式。
- 用 PLC 作为脉冲输出上位机，采用集电极开路输入作为脉冲输入方式。

- 根据脉冲当量 1μm，螺距是 5mm，则输入 5000 个脉冲，电机就转一周，也就是工作台走 5mm，计算电子齿轮比为：$\frac{A}{B}=\frac{131072}{5000}=\frac{16384}{625}$。
- 控制程序大体上采用步进顺控指令编程相对容易，脉冲输出则采用 PLSY 或 PLSR 指令。

(1) 接线图

控制系统接线图如图 4－4－4 所示。

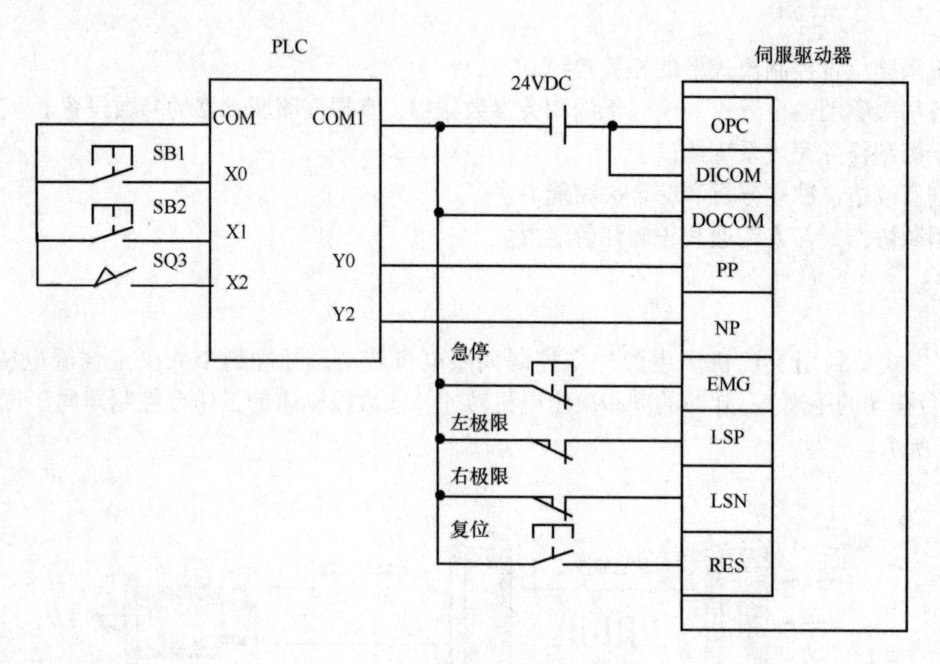

图 4－4－4　工作台控制系统接线图

(2) 伺服驱动器参数设置

参数设置如表 4－4－1 所示。

表 4－4－1　　伺服驱动器参数设置表

参数	名称	初始值	设定值	说明
PA01	控制模式	0000	0000	位置控制模式
PA06	电子齿轮分子	1	16384	设置电子齿轮比为$\frac{16384}{625}$
PA07	电子齿轮分母	1	625	
PA13	指令脉冲输入形式	0000	0011	负逻辑，脉冲串＋符号。脉冲信号由 PP 输入，方向信号由 NP 输入
PD01	输入信号自动 ON 选择 1	0000	0004	将 SON 自动置 ON

1）指令脉冲输入形式的选择　参数如表 4－4－2 所示。

表 4－4－2　　指令脉冲输入形式的选择参数介绍表

参数			初始值	设定范围	控制模式		
№	简称	名称			位置	速度	转矩
PA13	* PLSS	指令脉冲输入形式	0000	参照表 4－4－3	√	×	×

选择脉冲串输入信号的输入形式可以是正逻辑或负逻辑。并且有3种输入形式，若脉冲产生控制器为PLC，通常采用脉冲串+符号的输入方式，即PLC发出的脉冲信号从伺服驱动器的PP端输入，方向信号从NP端输入。脉冲输入信号的输入形式如表4-4-3。

表4-4-3　　脉冲串输入信号的输入形式

设定置	脉冲串形式		正转指令时	反转指令时
0010h	负逻辑	正转脉冲串 反转脉冲串	PP NP	
0011h	负逻辑	脉冲串+符号	PP NP　L	H
0012h	负逻辑	A相脉冲串 B相脉冲串	PP NP	
000h	正逻辑	正转脉冲串 反转脉冲串	PP NP	
001h	正逻辑	脉冲串+符号	PP NP　H	L
002h	正逻辑	A相脉冲串 B相脉冲串	PP NP	

2）伺服电机转一圈所需的指令输入脉冲数　参数介绍如表4-4-4所示。

表4-4-4　　伺服电机转一圈所需的指令输入脉冲数参数介绍

参数			初始值	设定范围	控制模式		
№	简称	名称			位置	速度	转矩
PA05	*FBP	伺服电机旋转一圈所需的指令输入脉冲数	0	0或1000~50000	√	×	×

参数№PA05如果设定为“0”（初始值），电子齿轮（参数№PA06，№PA07）为有效。设定为“0”

以外的值（1000～50000），该值为使伺服电机旋转一周所需要的指令输入脉冲。此时，电子齿轮无效。如图4－4－5所示。

3）电子齿轮参数介绍　电子齿轮参数的作用：可以任意的设置每单元指令脉冲对应的电机的速度和脉冲当量；当上位控制器的脉冲产生能力（最高输出频率）不足以获得所需速度时，可以通过电子齿轮功能对指令脉冲频率放大N倍。电子齿轮参数如表4－4－5所示。

表4－4－5　电子齿轮参数表

参数			初始值	设定范围	控制模式		
№	简称	名称			位置	速度	转矩
PA06	CMX	电子齿轮分子（指令脉冲倍率分子）	1	1～1048576	√	×	×
PA07	CDV	电子齿轮分子（指令脉冲倍率分母）	1	1～1048576	√	×	×

电子齿轮的计算通常以电机旋转一周进行计算，要求上位机发出脉冲的个数乘以电子齿轮比等于电机编码器反馈回来的脉冲，电机旋转一周编码器反馈脉冲的个数是131072个。电子齿轮比原理如图4－4－5所示。

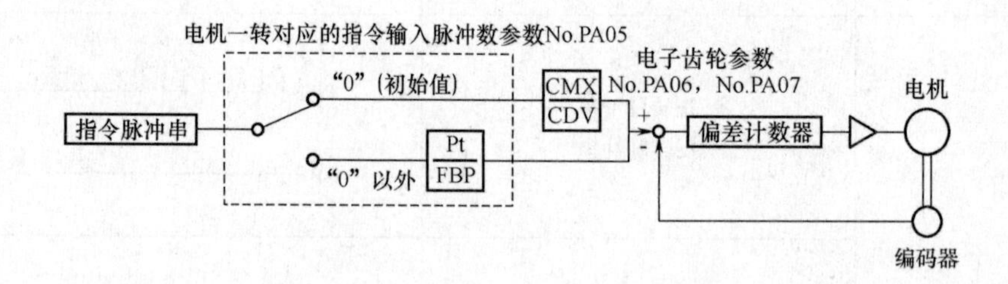

图4－4－5　电子齿轮比原理图

如例题，脉冲当量是1μm，螺距是5mm，则输入5000个脉冲，电机就转一周，也就是工作台走5mm，由于电机转一周，编码器产生131072个脉冲，根据电子齿轮比原理，编码器反馈回的脉冲数$131072=\frac{A（分子）}{B（分母）}\times 5000$，则电子齿轮比为：$\frac{A（分子）}{B（分母）}=\frac{131072}{5000}=\frac{16384}{625}$。

注意：

① 电子齿轮的设定范围的基准为$\frac{1}{10}<\frac{CMX}{CDV}<2000$。如果设定值在这个范围以外，那么导致加减速时发出噪声，也不能按照设定的速度或加减速时间常数运行伺服电机。

② 电子齿轮的设定错误可能导致错误运行，重新设定必须在伺服放大器断开的状态下进行。

（3）PLC控制程序

工作台运行控制程序如图4－4－6所示。

【任务计划】

经小组讨论后，根据任务要求制定出以下任务实施方案：

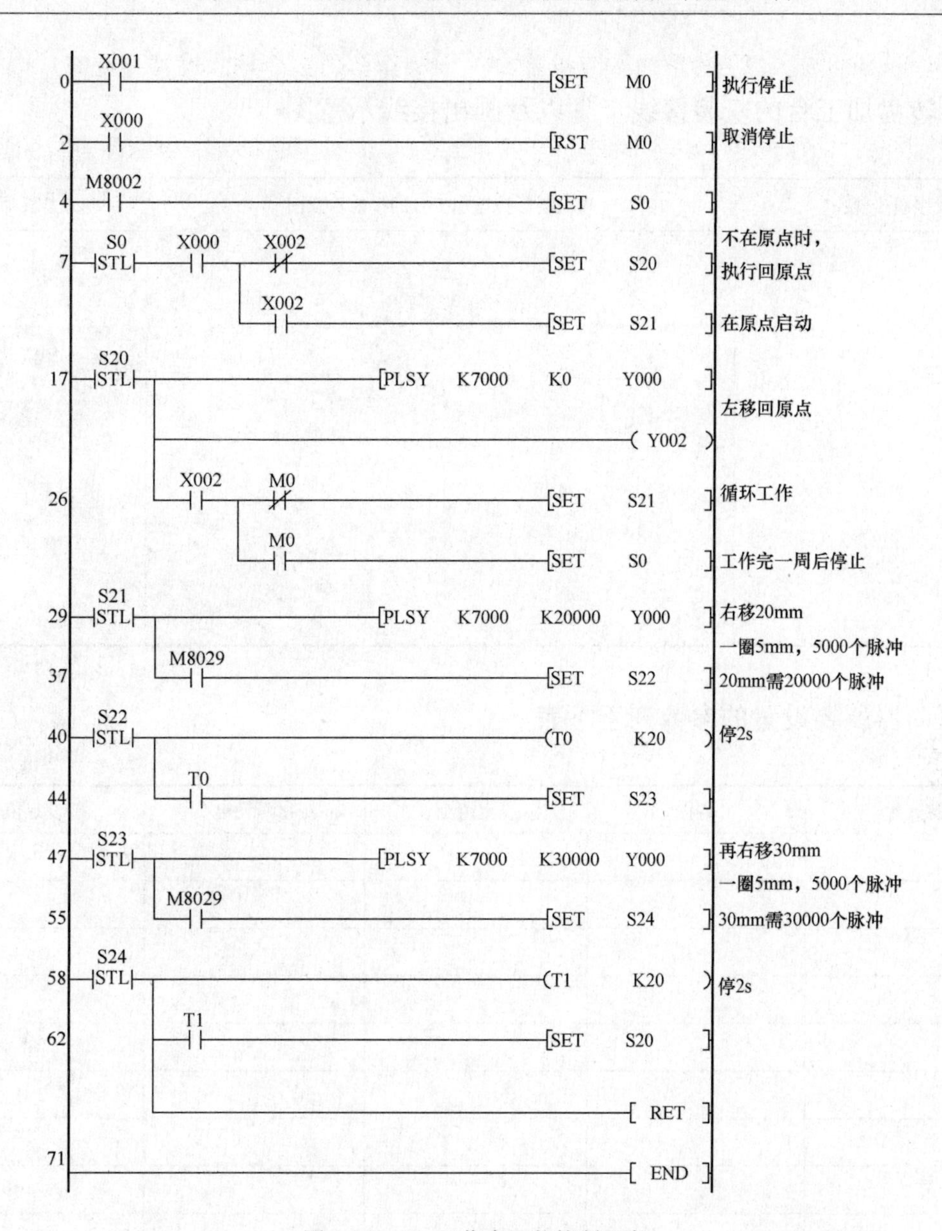

图4-4-6　工作台运行控制程序

1. 画出 PLC 的 I/O 分配表

2. 写出圆形转盘加工台的安装接线步骤以及画出接线示意图

安装及接线步骤：	画出圆形转盘加工台的接线示意图	教师审核

3. 将伺服驱动器所要设置的参数列于下表

序号	参数号	名称	设定范围	出厂设定	设定值	备注

4. 画出 PLC 控制程序

5. 写出伺服系统位置控制模式调试步骤

调试步骤	描述该步骤下会出现的现象	教师审核
(1)		
(2)		
(3)		
(4)		
(5)		
(6)		
(7)		
(8)		

提醒 计划内容若超出以上表格或画图区范围，可自行续表或扩大画图区。

【任务实施】

1. 准备工具及材料

为完成工作任务，每个工作小组需要填表向工作岛内仓库工作人员借用工具及领取材料。如表4－4－6，表4－4－7所示。

表4－4－6　　　　＿＿＿＿工作岛借用工具清单

名称	数量	规格	单位	借出时间	借用人签名	归还时间	归还人签名	管理员签名

表4－4－7　　　　＿＿＿＿工作岛领取材料清单

名称	规格型号	单位	申领数量	实发数量	归还时间	归还人签名	管理员签名

2. 任务实施前的相关检查

检查项目	标准状态	当前状态	处理方法	教师审核
工作岛总电源	断开			
相关端子及接线	良好			
气动回路	良好			
各部件安装	牢固			
所需工具材料	齐全			

3. 接线操作

参照接线图，完成圆形转盘加工台控制线路的相关连接；端子与导线应可靠连接，切勿松动。认真细心进行接线操作，切勿麻痹大意；接线完毕后要认真检查，杜绝出现错接漏接。

参考【任务准备】以及【任务计划】中第 1、第 2 点内容。

4. 试运行与参数设定

经老师审阅同意后，接通工作岛电源，并对伺服系统进行试运行调试，并设置相关参数。

参见【任务准备】以及【任务计划】中第 3 点内容。

5. 根据任务控制要求编程及调试

根据任务控制要求编写 PLC 控制程序，经老师审阅同意后进行调试操作，操作时严格遵守安全操作规则，结合任务要求，任务计划完成调试操作。

参见【任务要求】以及【任务计划】第 1 ~5 点内容

6. 将你的任务实施过程与其他组（员）进行对比，如发现差异，在组内和组外进行充分的讨论，取长补短，对你在任务实施过程存在不足的地方加以改正完善

注意事项：

（1）必须在教师指导下进行实操。

（2）实操过程遵守安全用电规则，注意人身安全。

（3）根据电路图正确接线。

【任务评价】

（1）各小组派代表展示任务计划，并对任务计划内容进行讲解。

（2）各小组派人展示圆形转盘加工台的运行效果，接受全体同学的检阅。

（3）其他小组提出的改进建议

____

（4）学生自我评估与总结

（5）小组评估与总结

（6）教师评价（根据各小组学生完成任务的表现，给予综合评价，同时给出该工作任务的正确答案供学生参考）

（7）“6S”处理

所有测试完毕后，检测工作台设备各种功能是否正常，关闭技能岛总电源，拆线，清点工具及实习材料，维护保养仪器设备，确保其工作在最佳工作状态，并对工作岗位进行整理清扫，归还所借的工量具和实习工件。

（8）评价表

表4-4-8　　任务评价表

<table>
<tr><td colspan="2">班级：________
小组：________
姓名：________</td><td colspan="6">任务名称：圆形转盘加工台的运行控制
学习任务名称：利用伺服系统位置控制模式控制圆形转盘加工台
指导教师：________________
日期：________________</td></tr>
<tr><td rowspan="2">评价项目</td><td rowspan="2">评价标准</td><td rowspan="2">评价依据</td><td colspan="3">评价方式</td><td rowspan="2">权重</td><td rowspan="2">得分小计</td></tr>
<tr><td>学生自评
20%</td><td>小组互评
30%</td><td>教师评价
50%</td></tr>
<tr><td>职业素养</td><td>1. 遵守企业规章制度、劳动纪律
2. 按时按质完成工作任务
3. 积极主动承担工作任务，勤学好问
4. 人身安全与设备安全
5. 工作岗位6S完成情况</td><td>1. 出勤
2. 工作态度
3. 劳动纪律
4. 团队协作精神</td><td></td><td></td><td></td><td>0.3</td><td></td></tr>
<tr><td>专业能力</td><td>1. 掌握伺服系统位置控制模式下的相关接线
2. 理解伺服驱动器位置控制模式下的相关参数作用，掌握伺服驱动器的参数设置
3. 根据控制任务完成系统调试</td><td>1. 操作的准确性和规范性
2. 工作页或项目技术总结完成情况
3. 专业技能任务完成情况</td><td></td><td></td><td></td><td>0.5</td><td></td></tr>
<tr><td>创新能力</td><td>1. 在任务完成过程中能提出自己的有一定见解的方案
2. 在教学或生产管理上提出建议，具有创新性</td><td>1. 方案的可行性及意义
2. 建议的可行性</td><td></td><td></td><td></td><td>0.2</td><td></td></tr>
<tr><td>合计</td><td colspan="7"></td></tr>
</table>

【技能拓展】

某塑料管定长切割设备如图4－4－7所示，主要用于对塑料管的切割，并能设置和改变塑料管的切割长度。该设备由三个抓手、伺服电机、丝杆导轨、切刀等部件组成。固定抓手一、二主要用来固定塑料管，防止塑料管在切割过程中发生移位；送管抓手主要用来夹送塑料管，在伺服电机的驱动下，送管抓手能沿丝杆导轨左右移动；三个抓手的夹紧和放松由三个气缸控制；丝杆导轨的螺距为10mm，并设置了左右极限SQ1、SQ2；接近左极限处设置了原点位置开关SQ3。

请同学们根据所学知识，完成该设备对塑料管50cm的切割。

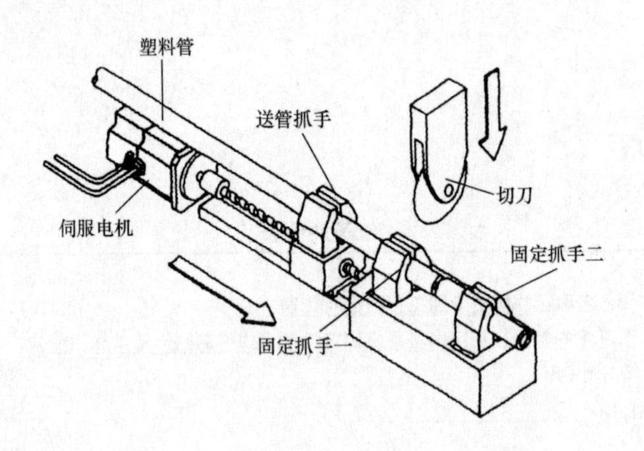

图4－4－7 塑料管定长切割设备示意图

任务五　药粒自动瓶装控制系统的设计

工作情景：

客户（甲方）：

为了扩大生产规模，我们药厂成立新厂区，计划增加 8 条药粒自动瓶装系统生产线，特向贵公司请求协助完成此项新设备的生产、安装、调试。

总经理（乙方）：

这是一项大工程，经调研，该系统生产线由送瓶装置、圆形转盘加工台、落料装置、加盖装置、加印装置、物料传送带装置、搬运机械手、储料仓库组成。由于时间紧、工程精密程度要求高、安装调试难度大，希望我公司工程技术部和工程安装部密切合作按期完成此项工程。

学习任务　药粒自动瓶装控制系统的设计

【任务描述】

药粒自动瓶装系统主要由送瓶装置、圆形转盘加工台、落料装置、加盖装置、加印装置、物料传送带装置、搬运机械手、储料仓库组成。通过送瓶装置将药瓶运送到转盘加工台工位上，转盘转动把药瓶送到落药口，药粒注入药瓶后进入下一工位进行加盖工序，加好盖后随着转盘的转动进入加印工序，然后转盘把药瓶送到传送带上，最后机械手把装好药粒的药瓶送入仓库。工序流程如图 5-1-1 所示。

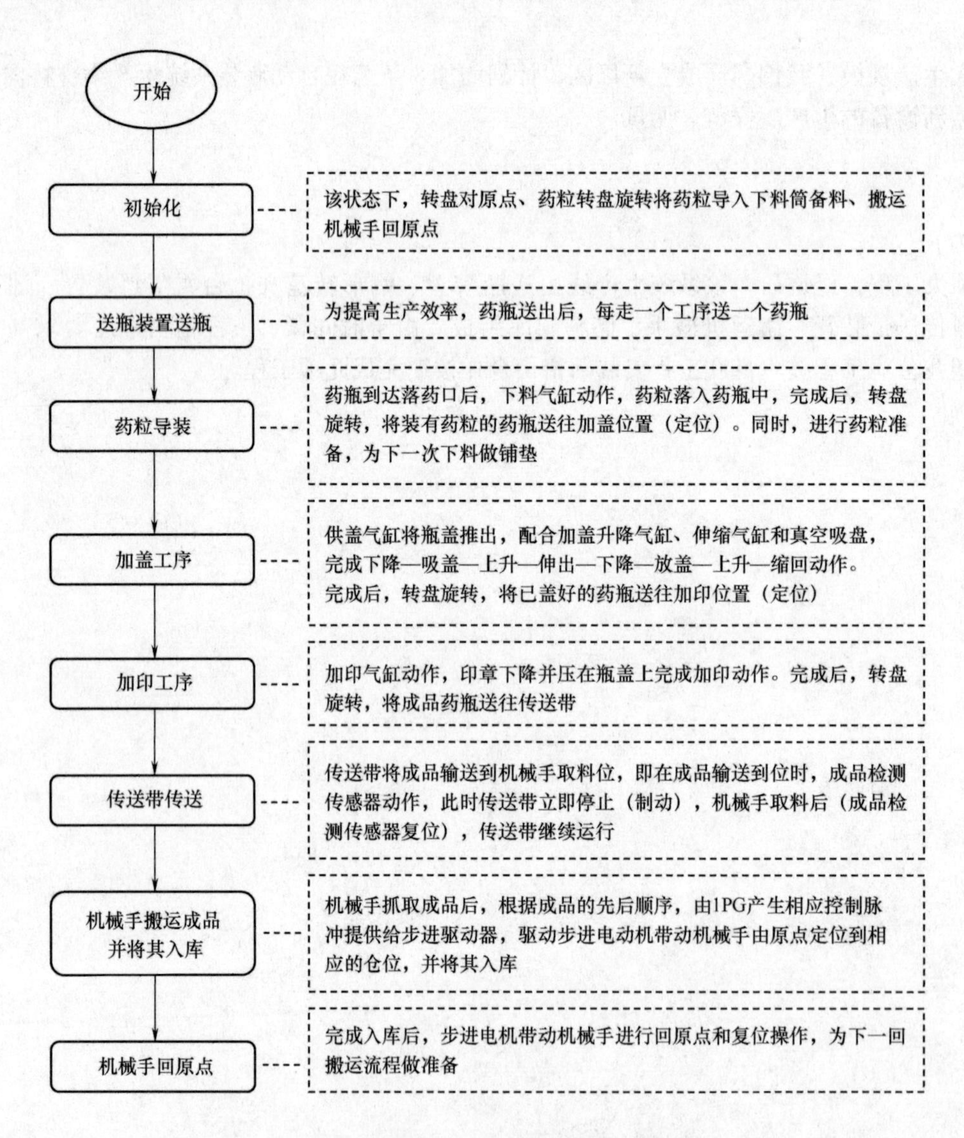

图 5-1-1　药粒自动瓶装系统控制流程图

【任务要求】

1. 完成系统气动回路的安装调试及导线连接。

2. 根据药粒自动瓶装系统控制要求，设置变频器、伺服驱动器相关参数和步进驱动器的细分数及输出电流。

3. 根据控制要求，编写 PLC 控制程序并调试。

4. 以小组为单位，在小组内通过分析、对比、讨论决策出最优的实施步骤方案，由小组长进行任务分工，完成工作任务。

【能力目标】

1. 能掌握气动回路的安装调试及设备接线。
2. 会理解并掌握变频器、步进驱动器、伺服驱动器相关参数作用及设置方法。
3. 能根据控制要求编写出 PLC 控制程序，并完成系统调试。
4. 培养创新改造、独立分析和综合决策能力。
5. 培养团队协作、与人沟通和正确评价能力。

【任务准备】

参照任务描述内容，我们以一个成品的生产过程为例，简单说明完成控制任务所必须的几个步骤。

1. 根据控制要求列出 PLC 的 I/O 对照表

PLC I/O 对照如表 5－1－1 所示。

表 5－1－1　　I/O 对照表

输入信号			输出信号		
序号	输入点编号	注释	序号	输出点编号	注释
1	X0	启动 SB1	1	Y0	伺服脉冲输出（单向）
2	X1	停止 SB2	2	Y1	上料气缸 YV1
3	X2	上料检测位 B1	3	Y2	落料电机
4	X3	上料推出位 B2	4	Y3	落料气缸 YV2
5	X4	输送到位 B3	5	Y4	供盖伸缩气缸 YV3
6	X5	加料就绪 B4	6	Y5	取盖伸缩气缸 YV4
7	X6	供盖伸出位 B5	7	Y6	加盖升降气缸 YV5
8	X7	加盖伸出位 B6	8	Y7	真空吸盘 YV6
9	X10	加盖缩回位 B7	9	Y10	加印气缸 YV7
10	X11	加盖下降位 B8	10	Y11	机械手旋转气缸 YV8
11	X12	加印下降位 B9	11	Y12	机械手升降气缸 YV9
12	X13	成品到位 B10	12	Y13	手指气缸 YV10
13	X14	机械手左旋位 B11	13	Y14	变频器 STF 端
14	X15	机械手右旋位 B12	14	Y15	变频器 RM 端
15	X16	机械手上升位 B13			
16	X17	转盘初始位 SQ1			

2. 硬件接线图

（1）变频器、PLC、伺服驱动器接线图

变频器、PLC、伺服驱动器接线如图 5－1－2 所示。

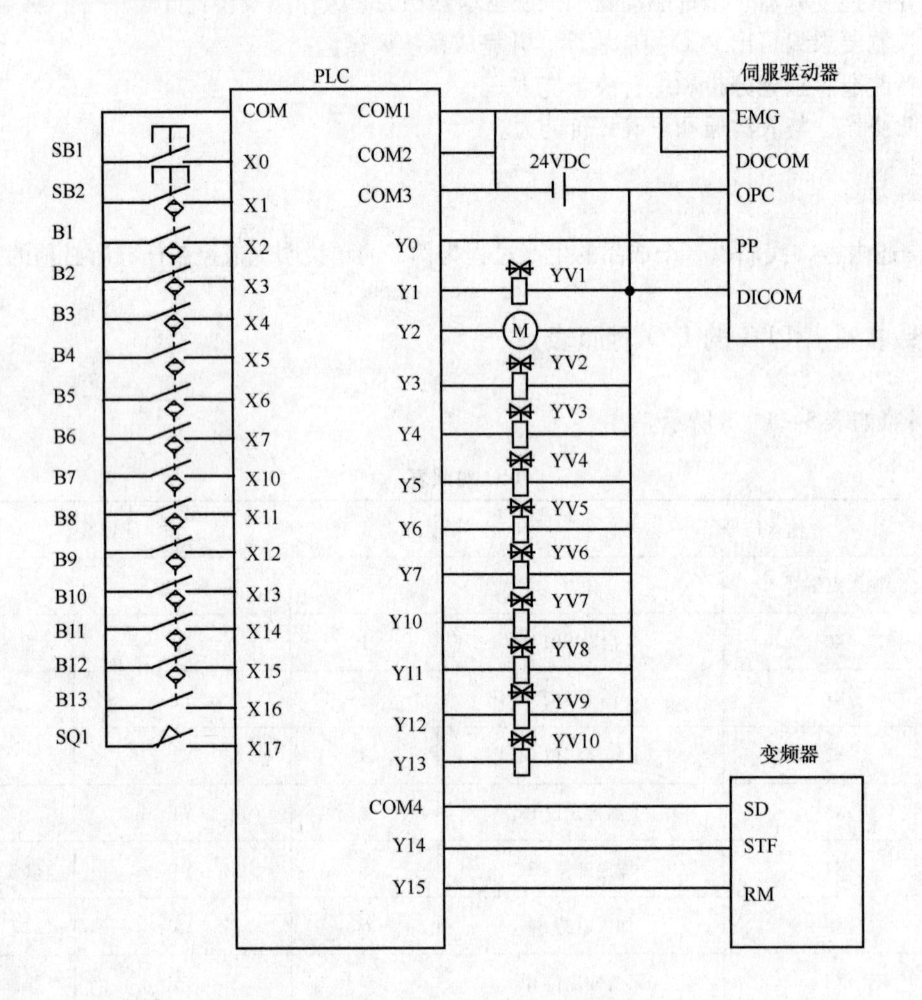

图 5－1－2　变频器、PLC、伺服驱动器连接图

（2）1PG 与步进驱动器的连接

1PG 与步进驱动器的连接示意图如图 5－1－3 所示。

3. 相关参数设置

（1）变频器参数设置

变频器参数设置如表 5－1－2 所示。

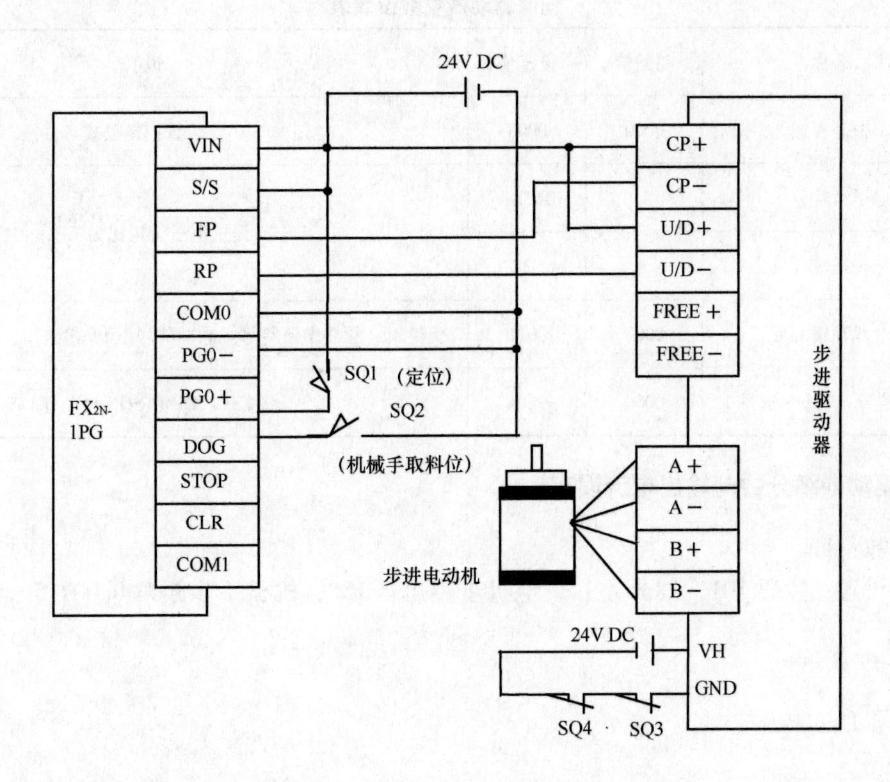

图 5－1－3　1PG 与步进驱动器接线示意图

表 5－1－2　变频器参数设置列表

参数号	名称	初始值	设定值
Pr. 1	频率上限	120 Hz	50 Hz
Pr. 2	频率下限	0 Hz	0 Hz
Pr. 6	中速	30 Hz	30 Hz
Pr. 7	加速时间	5 s	2 s
Pr. 8	减速时间	5 s	2 s
Pr. 9	电子过流保护	变频器额定电流	变频器额定电流
Pr. 10	直流制动动作频率	3 Hz	25 Hz
Pr. 11	直流制动动作时间	0.5 s	1 s
Pr. 12	直流制动动作电压	4%	4%
Pr. 20	加减速基准频率	50 Hz	50 Hz

(2) 伺服驱动器参数设置

伺服驱动器参数设置如表 5－1－3 所示。

表 5－1－3　　　　伺服驱动器参数设置表

参数	名称	初始值	设定值	说明
PA01	控制模式	0000	0000	位置控制模式
PA06	电子齿轮分子	1	16384	设置电子齿轮比为$\frac{16384}{625}$
PA07	电子齿轮分母	1	625	
PA13	指令脉冲输入形式	0000	0011	负逻辑，脉冲串＋符号。脉冲信号由 PP 输入，方向信号由 NP 输入
PD01	输入信号自动 ON 选择 1	0000	0C04	将 LSP、LSN、SON 自动置 ON

（3）步进驱动器细分数与输出电流设定

1）电流参数：1A。

2）细分数设置：拨码 101，细分数 10，电机步距角 0.18°，机械手步距角 0.00775°，机械手每转 1°需 129 个脉冲。

4. PLC 控制程序

PLC 参考程序如图 5－1－4～图 5－1－9 所示。

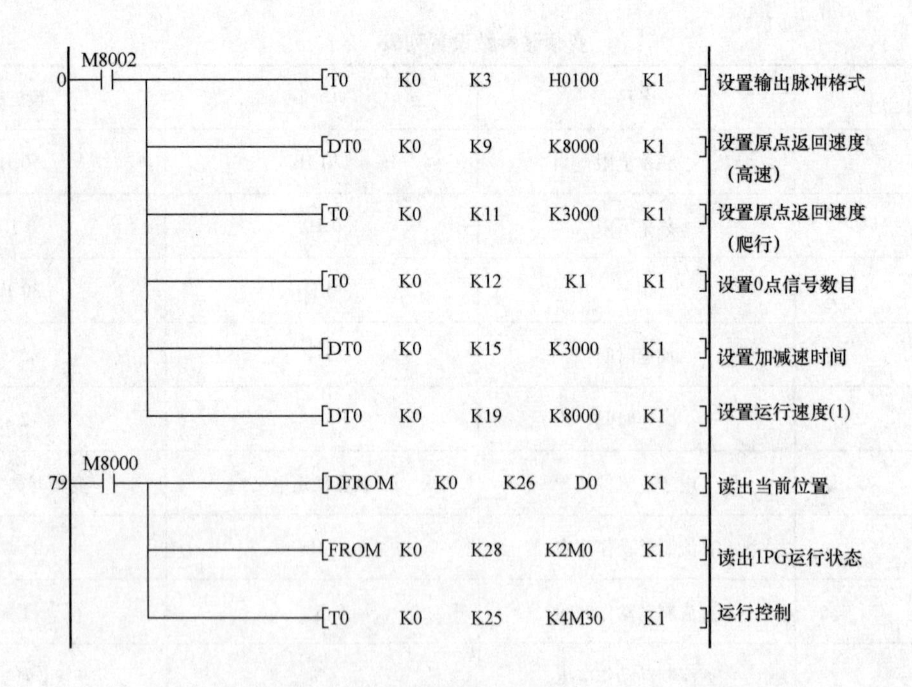

图 5－1－4　PLC 控制参考程序（一）1PG 初始化设置

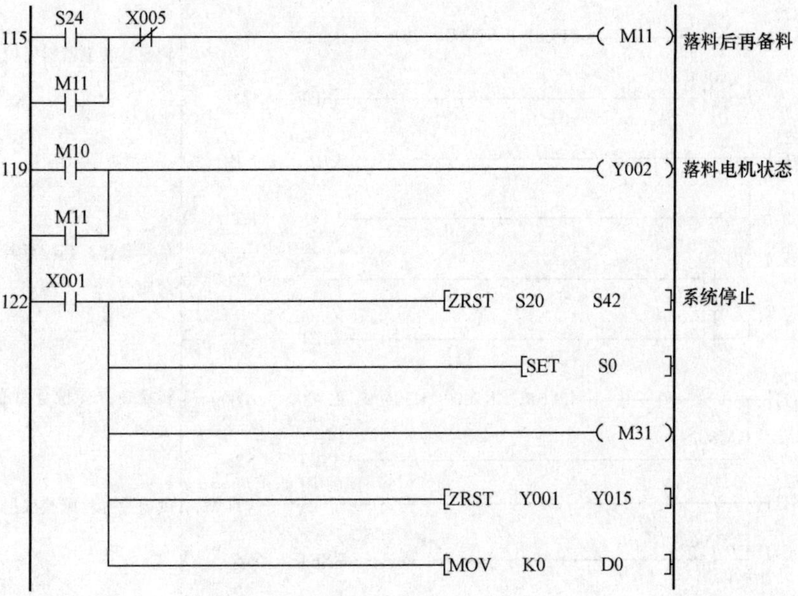

115
S24
X005
M11
落料后再备料
M11
119
M10
Y002
落料电机状态
M11
122
X001
ZRST S20 S42
系统停止
SET S0
M31
ZRST Y001 Y015
MOV K0 D0

图 5－1－5　PLC 控制参考程序（二）

141
M8002
SET S0
144
S0
STL
X000
SET S20
系统启动
148
S20
STL
X017
PLSR K7000 K0 K1000 Y000
转盘对原点
159
X005
M10
落料电机备料
161
M8000
TO K0 K25 H0040 K1
机械手回原点
171
X017
X005
M2
X002
SET S21
177
S21
STL
Y001
送瓶装置送瓶
179
X003
SET S22

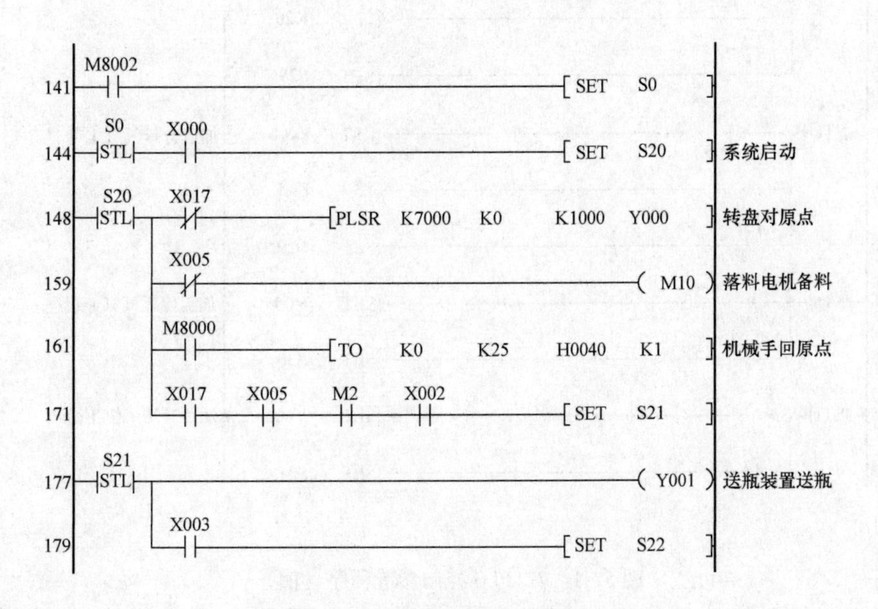

图 5－1－6　PLC 控制参考程序（三）

步号	触点	指令	说明
182	S22 STL	[PLSR K7000 K0 K1000 Y000]	转盘旋转至落料工位
192	X004	[SET S23]	
195	S23 STL	(T0 K10)	落料动作，药粒落入药瓶
		(T1 K30)	
202	T0	(Y003)	
204	T1	[SET S24]	
207	S24 STL	[PLSR K7000 K30400 K1000 Y000]	转盘旋转,定位至加盖工位
217	M8029	[SET S25]	
220	S25 STL	(Y004)	供盖气缸将瓶盖推出
222	X006	[SET S26]	
225	S26 STL	[SET Y006]	加盖升降气缸下降
227	X011	[SET S27]	
230	S27 STL	[SET Y007]	真空吸盘吸盖
		(T2 K20)	
235	T2	[SET S28]	
238	S28 STL	[RST Y006]	加盖升降气缸上升
		(T3 K15)	
243	T3	[SET S29]	
246	S29 STL	[SET Y005]	加盖伸缩气缸伸出
248	X007	[SET S30]	
251	S30 STL	[SET Y006]	加盖升降气缸下降
253	X011	[SET S31]	

图 5-1-7 PLC 控制参考程序（四）

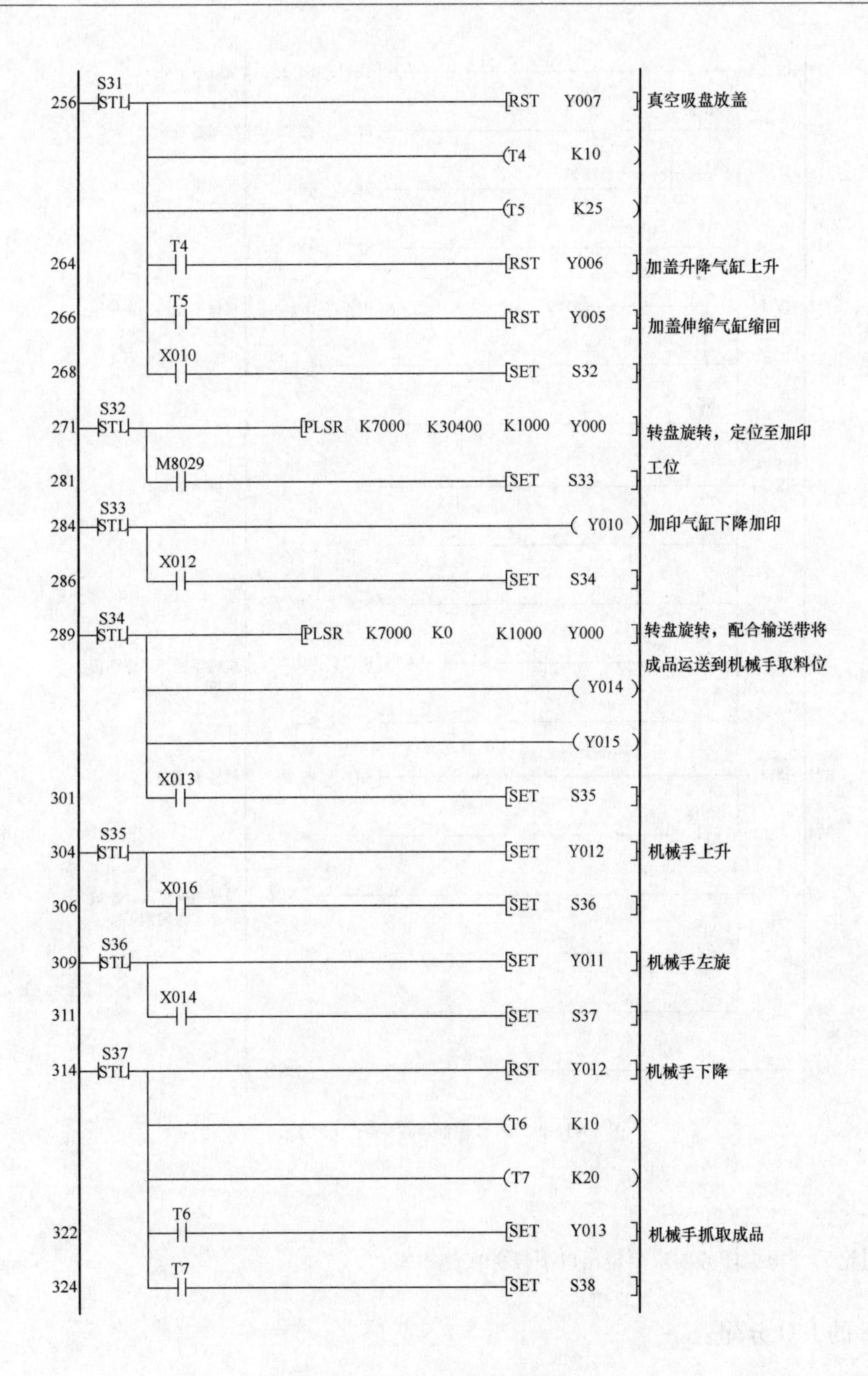

图 5 - 1 - 8　PLC 控制参考程序（五）

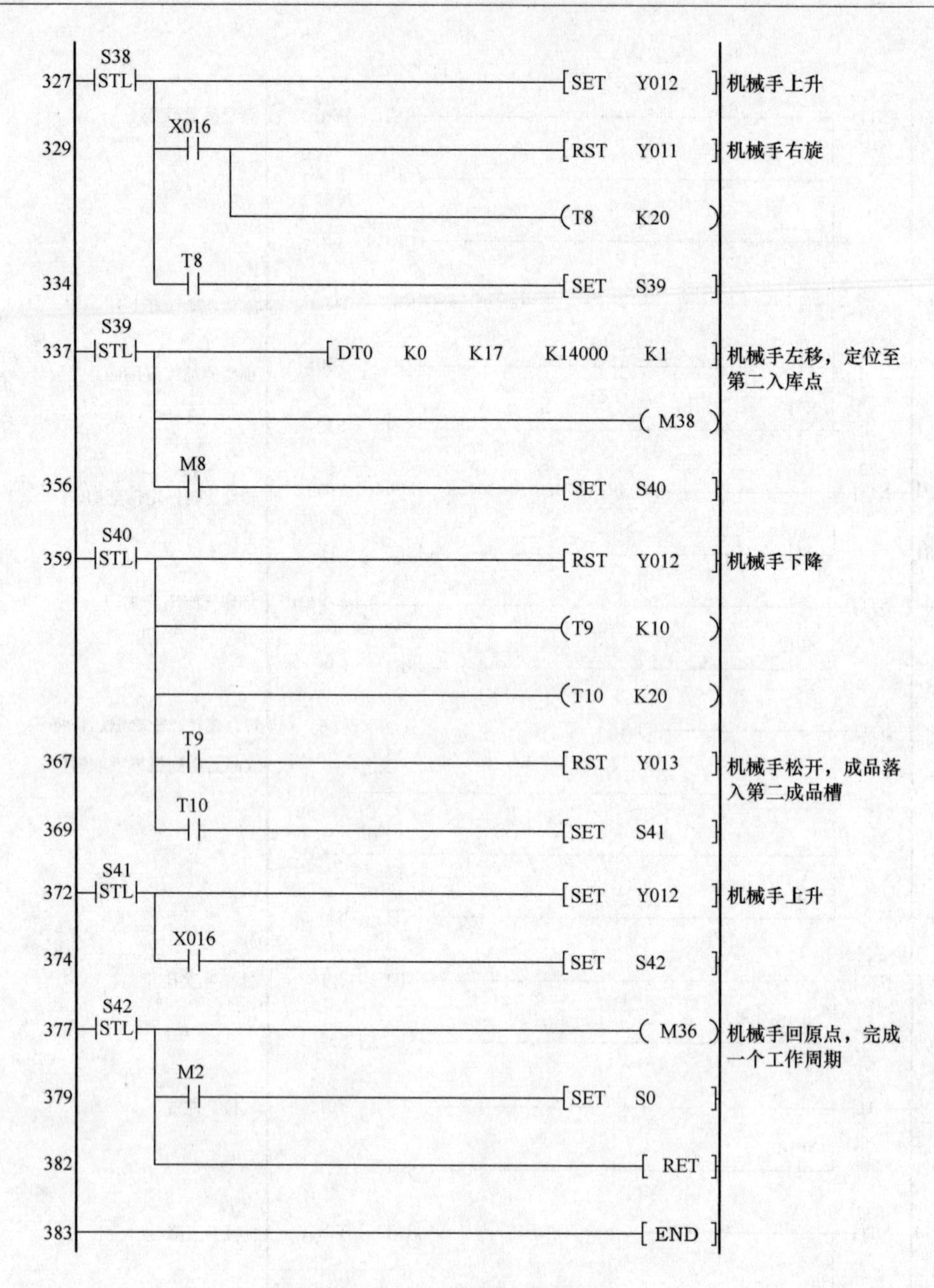

图 5－1－9 PLC 控制参考程序（六）

【任务计划】

经小组讨论后，根据任务要求制定出以下任务实施方案：

1. 画出 PLC 的 I/O 分配表

2. 写出药粒自动瓶装控制系统的安装接线步骤以及画出接线示意图

安装及接线步骤	画出药粒自动瓶装控制系统的接线示意图	教师审核

3. 将变频器所要设置的参数列于下表

参数号	名称	初始值	设定值

4. 将伺服驱动器所要设置的参数列于下表

序号	参数号	名称	设定范围	出厂设定	设定值	备注

5. 将步进驱动器的细分及输出电流设置填入下表

设置项目	设置为	注释
输出电流		
细分数		

6. 画出 PLC 控制程序

7. 写出药粒自动瓶装控制系统调试步骤

调试步骤	描述该步骤下会出现的现象	教师审核
(1)		
(2)		
(3)		
(4)		
(5)		
(6)		
(7)		
(8)		

提醒 计划内容若超出以上表格或画图区范围，可自行续表或扩大画图区。

【任务实施】

以下为参考步骤，各小班可参照实施，也可按本组计划方案合理执行。

1. 准备工具及材料

为完成工作任务，每个工作小组需要填表向工作岛内仓库工作人员借用工具及领取材料。如表5－1－4，表5－1－5所示。

表5－1－4　　　　＿＿＿＿工作岛借用工具清单

名称	数量	规格	单位	借出时间	借用人签名	归还时间	归还人签名	管理员签名

表5－1－5　　　　＿＿＿＿工作岛领取材料清单

名称	规格型号	单位	申领数量	实发数量	归还时间	归还人签名	管理员签名

2. 任务实施前的相关检查

检查项目	标准状态	当前状态	处理方法	教师审核
工作岛总电源	断开			
相关端子及接线	良好			
气动回路	良好			
各部件安装	牢固			
所需工具材料	齐全			

3. 接线操作

参照接线图，完成药粒自动瓶装控制系统的相关连接；端子与导线应可靠连接，切勿松动。认真细心进行接线操作，切勿麻痹大意；接线完毕后要认真检查，杜绝出现错接漏接。

参见【任务准备】以及【任务计划】中第1、第2点内容。

4. 参数设定与伺服驱动器试运行

经老师审阅同意后，接通工作岛电源，并对伺服系统进行试运行调试，并设置变频器、伺服驱动器、步进驱动器相关参数。

参见【任务准备】以及【任务计划】中（1）、（4）、（5）点内容。

5. 根据任务控制要求编程及调试

根据任务控制要求编写 PLC 控制程序，经老师审阅同意后进行调试操作，操作时严格遵守安全操作规则，结合任务要求和计划完成调试操作。

参见【任务要求】以及【任务计划】1 ~7 点内容。

6. 将你的任务实施过程与其他组（员）进行对比，如发现差异，在组内和组外进行充分的讨论，取长补短，对你在任务实施过程存在不足的地方加以改进完善

注意事项：

（1）必须在教师指导下进行实操。

（2）实操过程遵守安全用电规则，注意人身安全。

（3）根据电路图正确接线。

【任务评价】

（1）各小组派代表展示任务计划，并对任务计划内容进行讲解。

（2）各小组派人展示药粒自动瓶装控制系统的运行效果，接受全体同学的检阅。

（3）其他小组提出的改进建议

____

____

____

____

（4）学生自我评估与总结

____

____

____

____

（5）小组评估与总结

（6）教师评价（根据各小组学生完成任务的表现，给予综合评价，同时给出该工作任务的正确答案供学生参考）

（7）“6S”处理

所有测试完毕后，检测工作台设备各种功能是否正常，关闭技能岛总电源，拆线，清点工具及实习材料，维护保养仪器设备，确保其工作在最佳工作状态，并对工作岗位进行整理清扫，归还所借的工量具和实习工件。

（8）评价表

表5－1－6　　任务评价表

<table>
<tr><td colspan="3">班级：________
小组：________
姓名：________</td><td colspan="6">任务名称：药粒自动瓶装控制系统的设计
学习任务名称：药粒自动瓶装控制系统的设计
指导教师：________________
日期：________________</td></tr>
<tr><td rowspan="2">评价项目</td><td rowspan="2">评价标准</td><td rowspan="2">评价依据</td><td colspan="3">评价方式</td><td rowspan="2">权重</td><td rowspan="2">得分小计</td></tr>
<tr><td>学生自评
20%</td><td>小组互评
30%</td><td>教师评价
50%</td></tr>
<tr><td>职业素养</td><td>1. 遵守企业规章制度、劳动纪律
2. 按时按质完成工作任务
3. 积极主动承担工作任务，勤学好问
4. 人身安全与设备安全
5. 工作岗位6S完成情况</td><td>1. 出勤
2. 工作态度
3. 劳动纪律
4. 团队协作精神</td><td></td><td></td><td></td><td>0.3</td><td></td></tr>
<tr><td>专业能力</td><td>1. 掌握气动回路的安装调试及设备接线
2. 理解并掌握变频器、步进驱动器、伺服驱动器相关参数作用及设置方法
3. 能根据控制要求编写出PLC控制程序，并完成系统调试</td><td>1. 操作的准确性和规范性
2. 工作页或项目技术总结完成情况
3. 专业技能任务完成情况</td><td></td><td></td><td></td><td>0.5</td><td></td></tr>
<tr><td>创新能力</td><td>1. 在任务完成过程中能提出自己的有一定见解的方案
2. 在教学或生产管理上提出建议，具有创新性</td><td>1. 方案的可行性及意义
2. 建议的可行性</td><td></td><td></td><td></td><td>0.2</td><td></td></tr>
<tr><td>合计</td><td colspan="7"></td></tr>
</table>

参考文献

［1］颜嘉男　《伺服电机应用技术》科学出版社，2006
［2］岂兴明 苟晓卫 罗冠龙　《PLC与步进伺服快速入门与实践》人民邮电出版社
［3］网络参考　《编码器结构与原理》　百度文库